BLOOM'S 花艺基础教材 **Vol.6**

盆栽花艺基础

[德]卡尔·米歇尔·哈克/主编 张汝青 吴逸玫/译

BLOOM'S
PROFESSIONAL

中原农民出版社
·郑州·

亲爱的读者们、老师们和学员们：

盆栽花艺是一种重要花艺创作方式。

其他种类的花艺创作方式是对植物的切割部分进行加工，而盆栽花艺的对象则是完整的植物。因此，植物材料的精髓在这里得到了强调，每个植物都应该被视为其物种的典型代表，甚至应该被视为一个独立的个体。另外，与其他几乎所有类型的花艺作品相比，盆栽作品具有相对较强的耐久性，或者说经过适当的养护它们甚至可保持多年。因此，对于盆栽花艺设计来说，必须从一开始就考虑植物的继续生长情况，也就是说在一定程度上要考虑未来。

本书的内容涵盖了盆栽的种植、设计至装饰的全流程知识，不仅涉及花艺设计，也包括园艺栽培技术。植物养护是一个重要的课题，本书分室外盆栽植物和室内盆栽植物两个主要方面进行了介绍。书中配备了大量的图片，对具体应用和技术做了进一步的解释，方便学习。在接下来的几页中，您将会了解到，没有任何一种其他的花艺创作形式在设计时比盆栽花艺可以融入对植物更多的爱。经历过盆栽花艺之后就会发现：没有任何一件其他花艺作品值得设计者、栽培者和欣赏者投入更多、更持久的关注。

希望您能开心学习，热爱盆栽花艺。

卡尔·米歇尔·哈克　　　Karl-Michael Haake

符号详解：

40 min ⧖ 沙漏符号和分钟数表示完成该作品所需要的时长。
这里的分钟数是初学者的参考时间，随着能力的增
长，耗时应该会越来越短。

③ 这个数字表示设计或制作的难度，"1"表示容易，
"2"表示中等，"3"表示困难。

为什么编写这本书

对于喜欢栽花种草的人和专职园艺的人来说，世界七大古代奇迹之一、巴比伦塞米勒米斯的空中花园的传说可谓耳熟能详。此外还有古罗马别墅的花园，在旅途中我们可能会领略到文艺复兴时期和巴洛克时期遗留下来的花园的辉煌。（德国）今天的公园和花园大多起源于 18 世纪发展起来的英国自然风景园，比如赫尔曼·冯·普克勒 – 穆斯考大公（德国贵族、园林设计师、作家）于 1815~1844 年在穆斯考小镇建造的园林。而通常盆栽也属于花园艺术的一种。

这些都表明了人类征服自然、为自己创造一个天堂的渴望。花园指代的不仅仅是被围栏围起来的土地和花草树木，还代表着人类心目中大自然的理想形象。精心地栽培和养护植物的过程可以给人带来发自人类本性的欢乐，以及享受美的乐趣。花园并不一定非得是那种大面积、有代表性的花园或公园——现代别墅住宅区的阳台和窗台上的微型花园就是很好的证明，它也可以是一方小小的园地。而一个精心设计的盆栽，其实就是一个微型花园。

旧工业基地旁的盆栽植物更加证明了这样一种自然剪影的重要性，即使它们看起来还不是很自然，但它们积极地改变和恢复了自然环境。在现代化和科技化的环境中，观赏植物可以愉悦眼睛、疗愈身心。植物对人类来说是不可或缺的，它们不仅是食物，而且还有平静、净化及活跃心灵等功能。植物使一切变得美好！

在这个理念背景下，我们编写了这本书。下面的内容应该有助于学习和认识有关盆栽的栽培、设计以及（作为花艺设计元素时的）材料处理等方面的重要知识。当然，有关盆栽的植物学基础知识，如植物及其组成部分的生理机能和作用等，本书只做有限的探讨。因为盆栽是个很广泛的概念，本书将围绕着盆栽花艺这个主旨，只介绍所需要的相关内容，并且在每个章节都设置有相应的检测题，还在全书的最后提供了参考答案，方便自我检测学习效果。

I 技术基础 牢牢扎根

造型美观、保持时间长、深受顾客们喜欢的盆栽植物，以及每一个出色的盆栽花艺作品，都是以选择恰当、完美实施的技术为基础。为了了解技术原理，首先从技术角度确定栽培要求是非常重要的。这些要求复杂多样，所以我们对所有环节都要特别注意：花盆、基质、盆栽技术和植物保护等。

花盆

从技术角度来看，花盆代表了植物所使用的空间，植物要在这个空间里生根成长。对花盆最基本的要求有：放置地点必须符合相关要求，必须要容易搬运。除此之外，对花盆的具体要求如下：

对花盆的具体要求

要注意花盆是室内用还是室外用，根据这两大放置领域来确定如何摆放和选择花盆。这一点和接下来的栽培、养护一样重要。需要注意的是，这些年来随着英语文化的逐渐入侵，（在德国）常常出现"Indoor－Pflanzung"（室内栽培）和"Outdoor－Pflanzung"（室外栽培）等英语化的名词，在技术方面表现得尤其明显，而且在产品营销方面也是如此。然而，在BASICS系列图书（花材书和基础教科书）以及基础教科书的配套实践练习书中，将继续使用德语名称 Zimmerpflanzung 和 Freilandpflanzung。

（编者注：这段话虽然对中国的读者没多少技术上的实用价值，但作者捍卫本国文化的态度令人尊敬。同理，本书中的很多示例是建立在德国文化传统的基础上的，我们希望中国的花艺人在学完本书后，能够创造出符合我国文化传统的花艺作品）

对**室内栽培**花盆的要求：

■ 本身不漏水，或者配上金属或塑料内衬后不漏水。

■ 稳定性好，不易倾翻。

■ 要有足够的空间来容纳植物的根部。

对**室外栽培**花盆的要求：

■ 要能防风雨。

■ 在冬季使用时要能防冻。

■ 稳定性好，不易倾翻。

■ 至少有一个排水孔。

■ 要有足够的空间来容纳植物的根部。

花盆材料

花盆能否满足以上列出的条件主要取决于制作花盆所用的材料。鉴于此，在这里可以分析一下几种材料的优缺点。

盆栽花盆形式多样、大小不一，可以根据植物的特点和花盆的特点来选择。

陶瓷花盆

陶瓷花盆耐腐蚀性好，一般相对较厚、较重，坚固耐用。缺点是比较重，不易搬运。接下来介绍3种十分重要的陶瓷花盆：

- **红陶花盆**（Terrakotta）无釉、多毛细孔，排水、透气性能好，所以它特别适用于室外栽培，但必须给它额外增加排水功能。红陶花盆对植物根部十分有利，因为红陶花盆中不容易积水，并有良好的空气供应。另一方面，如果把植物种在红陶花盆中，则必须多浇水，因为水分不仅通过土壤表面蒸发，也会通过红陶花盆的毛细孔蒸发。正因为此，大多数红陶花盆的耐寒性较差。渗透进红陶花盆的水分在冬季会冻结，并在其毛细孔中膨胀，进而破坏红陶花盆的结构。当然，也有完全烧结的红陶花盆，不吸水，不会受冰冻的侵害，防寒性较好。但是这种完全烧结的花盆比较昂贵，因为它需要更好的质地，需要更高的温度和更长的时间来烧制。同时，由于其没有毛细孔，所以不利于根部透气。

- **上釉陶花盆**（Steingut）是一种多毛细孔的白色陶瓷花盆。由于釉的作用，这种花盆的密度较高。特别是在长期使用的情况下，釉质的好坏是决定花盆的密封性强弱的关键。在使用一段时间后，有些陶花盆会出现裂缝，这时室内盆栽植物所需要的密封性就不存在了。而且，只有完好的釉面才能保证花盆的耐候性。上釉陶花盆主要用于室内栽培，类似的还有**马略尔卡陶花盆和铅釉陶花盆**（Majolika-und Fayence-Gefäße）。这 3 种花盆，是按照釉料、陶瓷黏土的质地和装饰类型来划分的。

- 出于成本的考虑，常见的上釉陶花盆的外表面用的是**搪瓷涂层**，有些花盆的内表面还有有机硅涂层。严格来说，它们其实不能称为真正的上釉陶花盆，而且只有很少一部分适合用于盆栽。因为它们的耐划伤性相对较差，并且还容易出现裂缝，难以保证长期的密封性。

- **瓷花盆**（Steinzeug）是一种密实、完全烧结的陶瓷。光滑透明的釉有助于容器保持清洁。瓷花盆通常厚壁、较重，耐候性相当好，因此特别适合室外使用。但盆底必须有排水孔。

金属花盆

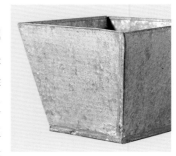

金属花盆通常是用金属板冲压成型的，有些是用金属铸造出来的，鲜有铣削而成的。铸造工艺，常见于用黄铜和生铁铸造而成的花盆。至于铣削加工的花盆，有用铝钣金加工而成的花盆、镀锡（主要是镀锌）的铁质花盆及捶打出来的铜花盆或铝花盆等。但是，对于铆接和锤打加工而成的花盆来说，其接缝的密闭性不是很让人放心。不锈钢花盆通常做了镀铬处理。只有部分的金属容器适合作为花盆，因为土壤会通过划痕侵蚀金属并形成长期的化学腐蚀。尽管如此，却很难证明水、金属离子和肥料中的无机盐所产生的化学反应会损害植物根部。如果要用金属容器做花盆，则它们必须具有很强的耐腐蚀性或具有高质量的粉末涂层，也可以衬上塑料薄膜或相应的塑料材料。然而，仅做了简单涂层加工的金属花盆，具有跟前文介绍的马略尔卡彩绘陶花盆一样的缺点：涂层质量不稳定，很容易失去作用。还应该注意的是，金属在直射的阳光下发热较快，至少应该在花盆内壁处采取一些应对措施。与所有密实的材料一样，及时排水是必不可少的，金属花盆内必须有足够的排水空间。

这两个红陶花盆适合秋季栽培。如果打算冬天重新栽培，并想直接放到室外，则必须使用因普鲁内塔（Impruneta）红陶花盆或类似的高品质花盆。因普鲁内塔小镇位于意大利佛罗伦萨附近，得益于当地独特的陶瓷黏土和烧制技术，红陶花盆的烧结效果极好，能防止水进入，具有不错的抗冻性。

这些花盆是用混凝土和石材加工而成的，具有天然石材的外观和砖石结构的效果。它们的盆栽效果看起来比较自然，同时也是手工制作的，特别适合放到房屋和庭院之间的过渡地带，因为它们兼具这两个区域的元素。

石花盆

天然石材花盆在花艺中比较少见。其中大部分的石花盆是用石块雕刻而成的，年份比较久远，因为很重，所以一般无法搬运，必须就地栽培。它们相当坚固耐用，但随着年份的增加，它们往往会出现风化的迹象，上面长着苔藓和地衣，或者不定在哪一处就会出现裂缝，冰冻还会加剧裂痕的扩展。当在室外使用时，一定要注意排水。

塑料和树脂花盆

塑料和树脂花盆——从简单的塑料托盘到类似于石花盆或模仿树皮纹理的高质量树脂花盆，具有相对轻便的搬运优势，它们不像陶瓷花盆和石花盆那样易破裂，还易于护理且耐脏，但容易划伤。需要注意的是，被风吹时这类花盆不如大小相同但质量较大的陶瓷和混凝土花盆稳固。跟之前介绍的所有花盆一样，塑料和树脂花盆也要具有良好的排水性。

混凝土花盆

混凝土一般是水泥与水、沙、石子及必要时掺入的化学外加剂和矿物掺合料等的混合物，是一种人造石材。用它做成的花盆，在性质上与天然石材和烧结而成的陶瓷花盆相似。但因为盆壁相对

较薄，所以比后二者更易碎。混凝土是硬化材料，很致密，所以要按照放置地点来合理安排排水和引流。混凝土花盆适用于所有地方，但通常用于室外，其中有不少较大的花盆被嵌固在建筑物上。花盆表面的质地取决于沙和石子的颗粒大小，可以非常光滑，可以有不同的粗糙度，也可以后期抛光，以这种方式加工

处理过的花盆通常用于室内栽培。具有混凝土或石材表面的花盆，现在也采用水泥铸造和合成树脂技术相结合的方式生产。

编织花盆

编织花盆一般是用柔性材料经手工编制而成。特别是用植物材料编织成的篮子，非常适合用于盆栽制作。

但是几乎所有的编织花篮自身的密闭性都很差，不能直接用，必须借助于塑料薄膜或类似的东西来遮挡，以防止培养土壤被雨水通过编织材料的空隙冲走，也能避免篮子被湿气和土壤污染。尤其是在室外使用时，绝不能忘记采取这种措施。在保证密闭性的同时，也要留出排水孔。编织花盆的耐候性取决于编织材料，比如柳条筐的使用时间较短，而塑料篮就比较经久耐用。用于室内盆栽时——如摆放在家具上，要确保铺衬的塑料薄膜的密闭性，注意不能被篮子的材料刺破。否则，水最终会流出盆底，损坏家具表面。塑料薄膜或内嵌的容器要留出浇注边缘（后文有专门介绍），以防浇水时把土壤冲走，进而造成污染。

许多花盆是金属质地的，通常是用冲压工艺或铸造工艺制成的。很多编织花盆，则是用粗金属丝加工而成的，这时，需要铺衬上塑料薄膜或类似的材料以保证密闭性。

有时也用木材制作花盆，如可以将旧鼓、旧木桶或者如图中所示的木箱用作盆栽花盆。当然，也需要铺衬上防水的材料以保证密闭性，使木材不致过早受损或腐烂。如果木材做了浸渍处理或涂了油漆，要记得及时更换并修补剥蚀部分，这样可以使用多年。

这两张图表明，花盆的形状会对盆栽效果产生很大的影响。原本跟盆栽毫无关系的旧洗脸盆凸显出了传统的乡村魅力，加上盆中的花卉，盆栽整体看起来亲切朴素。另一张图中，高光泽的金色花盆具有现代风格的外观，花盆几乎呈结晶状的不规则表面、花盆内光滑的金属球和单一植物共同营造出了这种效果。只有苹果树枝环营造出了质朴的风格。

花盆的形状

花盆的形状多种多样，如盆口边缘内缩的球形、锥形、柱形、椭圆形、立方体形等，也有经典双耳形的。然而从技术角度来看，只有3点是重要的：

- 形状的设计元素包含花盆的尺寸大小。在这方面，花盆必须为植物根部的正常生长提供足够的空间，也要考虑植物的进一步生长。

- 形状要有助于花盆稳定摆放。为此，底面必须相对较大。并且相对于花盆宽度，花盆不应过高。

- 最后，尽管有很多种材料可用，但花盆的材料要具有充分的耐候性，能够应对盆栽土壤冻结时的膨胀。因此，冬季时的室外盆栽花盆的顶部不能过窄，其中，没有内缩边缘的圆锥形（准确来讲是圆台体形）花盆是首选。

基质

自然环境里，不同植物所处的基质（对植物起支撑和营养作用的物质，包含但不限于土壤）也不一样，它们在其中生根或生长。例如，沙漠基质中的营养成分比山坡碎石底部岩石中的营养成分丰富，热带森林基质提供的生长条件与荒原基质完全不同。而植物种类或者特定的园艺要求不同，所需要的基质也不同，生产厂家能按照植物生长发育所需的必要成分或特定的园艺要求进行基质生产。由于花商（经销商）只负责售卖，并不搞植物育种和培育，尤其是植物适应不同基质条件的能力相对比较强，所以我们仍可以对几种重要基质进行简要介绍。为了评估它们的适用性，首先要注意它们性能和作用。

基质的性能和作用

基质大体上应该：

- 给植物根部一定的支撑力，使植物能够稳固直立。

- 能通过基质颗粒之间的毛细作用，引导水分和溶解在其中的营养物质通向根部。

- 颗粒之间要有微小但足够的空间，以确保空气通向根部。

- 必须含有能够在水中溶解的相关营养物质。

- 通过其碎屑和基质的颗粒结构缓冲溶解的营养离子的浓度。

- 为所要栽培的植物提供适宜的pH。

- 含有栽培植物所需的几乎所有成分。

- 没有害虫、杂草、病菌。

- 不含杂草种子。

- 状态长期稳定。

看完上面这些条件，我们很快就意识到只有高质量的产品才能满足这些要求。例如，由黏土和火山石颗粒制成的基质用于水培时，只能满足植物直立和通过毛细作用将水引向根部这2项功能，其余的功能必须通过其他方法来完成，如加入合适的专用肥料。

为了更好地理解上文，下面进一步解释两个相关概念。

缓冲

本书所讲的缓冲是指基质调节营养离子浓度的能力。这意味着一些营养离子可以附着在基质颗粒上，所以在渗透过程中，基质不会影响相关自由离子的浓度以及植物对水和养分的吸收，这就降低了富营养化的风险。例如，黏土具有非常好的缓冲作用，而沙子的缓冲效果不佳。

pH

pH 即氢离子浓度指数，一般用来测量或指示溶液的酸碱性。它可以简单地描述溶液中氢离子的量或浓度，如基质水中含有水合氢离子（H_3O^+）自动溶解产生的活性氢离子（H^+）的浓度。pH 的范围通常为 0（强酸性）~14（强碱性）。pH 越小意味着氢离子浓度越高，溶液呈酸性。pH 为碱性，指的是溶液中的氢氧根离子浓度（OH^-）较高、活性氢离子浓度较低，即 pH 较高。当 pH 为 7 时，溶液为中性。pH 影响养分或营养离子的可利用性，从而影响植物的生长以及微生物的土壤活性。不同的植物适应于不同的 pH，大概为 3.5~8，这取决于其在自然生长地点的基质条件。例如腐殖土是酸性的，加入石灰混合物后引起的碱性反应会使土壤的酸性降低。因此，人们把喜欢酸性土壤的植物称作"厌石灰植物"。该类植物适合富含腐殖质的土壤，例如帚石楠、杜鹃类植物和山茶。喜爱石灰的植物需要弱碱性条件，如报春花、红毛丹、迷迭香、桧和大多数岩生植物。适合中性土壤的植物有鳞茎植物和许多仙人掌类植物等。

几种重要基质及土壤调节剂

基质有很多种，它们的特性、所含的成分各不相同，适合的植物也不相同。

- **黏土** 是岩石风化而成的，天然营养素含量高。它的颗粒很细，具有良好的缓冲性能。但透气性不好。

- **沙土** 呈沙粒状，营养素含量低，具有良好的透水性和透气性，缓冲性能差。

- **泥土** 由沙土、黏土和粉粒组成，颗粒大小介于黏土及沙土之间。因此，泥土的相关性能也位于沙土和黏土之间。

- **腐殖质** 由有机物和其分解物构成，呈现出不同的酸度，这取决于其基本成分和腐化程度。根据组成成分，可把腐殖质划分为不同类型，包括从叶子、粪便、树枝、整株植物到堆肥的腐烂产物。微生物在有机物的分解和其他化学过程中起着重要的作用。腐殖质呈现出不同程度的纤维状，不完全是泥土状的，保水、保肥能力强，透气性良好。

- **泥炭土** 与腐殖质比较像，是大量分解不充分的植物残体积累形成。泥炭土的营养素含量低，酸度高，透气性能良好，缓冲作用良好。其保水性也很好，不易干燥。白泥炭是沼泽地表面的植物（如草）腐败碳化程度最低的泥炭，色彩较浅，纤维较长。黑泥炭腐败的时间更长、更充分，大多数情况下，它像腐殖质，密度很高，营养素含量低，因此杂草很难直接在黑泥炭中生长。泥炭土的颜色以黑泥炭的颜色为主，具有艺术价值。长久以来，泥炭土的开采一直受到关注，因为它破坏了沼泽地的环境，导致沼泽地的退化速度大于可能重新出现的速度（泥炭每年大约增厚 1 毫米）。今天，泥炭土开采受到了严格管制，有的地方（瑞士）甚至禁止开采。

- **泥炭土替代品** 是指可以代替泥炭土的物质，因为泥炭土的开采不利于生态环境，人们用其他物质来代替它。至少在私人花园里，可以用树皮、木屑和椰子纤维等来替代。然而，在园艺行业的很多领域中却是不可能的，因为替代品就是替代品，发挥不了泥炭土的作用。

这 3 组盆栽作品均是按照植物在自然栖息地（生境）中的样子来设计的。左上的植物来自干燥、多石的山坡，右上的盆栽来自沼泽地区，下面的植物来自热带雨林。所用的土壤也各不相同；左上的莲座状植物中的是一种带有大量沙子颗粒的仙人掌土壤和多肉植物土壤，钙含量可能略高些；而下方的热带雨林植物则需要低钙、腐殖质丰富的土壤，甚至可以是基质土和兰花土的混合物；苔藓中一般会有食虫动物，营养贫乏的基质土比较适合。

- **土壤调节剂** 用于改善土壤的透气性、水平衡和土壤中营养物质的储存和缓冲，比如土壤胶结剂、土壤安定剂、土壤增温剂及土壤保湿剂等。另外，还可以根据需要添加石灰来调节 pH。

园艺土壤

用于盆栽的土壤通常属于以下土壤之一：

- **ED 73 型基质** 是在栽培的前两个月配备的肥料。它由黏土、白泥炭土和黑泥炭土组成。

- **T 型基质** 能为营养消耗大的植物提供丰富的营养。但必须定期施肥。基本成分也是黏土、白泥炭土和黑泥碳土。

- **TKS 2 型泥炭** 源自腐败程度较低的沼泽泥炭，疏松，有着良好的储水结构，营养素含量高。

- **盆栽专用土** 除黏土、腐殖土和泥炭土外，还含有矿物成分如火山石颗粒，能长期保持基材结构稳定。（这种土即 Kübelpflanzenerde，一般成袋、论升销售，如 20L 的、50L 的、80L 的等。编者注）

- **多肉植物土壤或仙人掌土壤** 是由少量的腐殖土和大量的矿物（如浮石和细火山石颗粒）组成的，渗透性较强，能长期保持稳定，但保水性不怎么强。

- **兰花土** 含有腐殖质和粗糙的、几乎不腐烂或腐烂速度极慢的树皮碎片。

黏土和火山石基质

前面已经提到，用黏土和火山石颗粒组成的基质土通常仅能通过毛细作用将水引导到植物根部。要使用无土栽培所用的膨胀土的话，必须加入特定的肥料。塞拉米黏土颗粒（Seramis® Ton-Granulat）和彩虹石也具有缓冲功能，并可以与土壤和植物的根部很好地结合在一起，更易于养护植物。更多的细节参见本套书中的《花艺基本技术》。

不同类型的园艺土壤，（从左到右、从上到下）依次为：基质土，仙人掌土，兰花土，膨胀土，虹彩石。

适合栽培的植物

园艺盆栽的植物一般栽种在花盆或者种植箱里。移栽时，偶尔会把木本植物的根用粗麻绳包裹着，但通常情况下是就地直接移植。从质量和技术的角度，对植物有以下要求。

对植物的要求

盆栽植物必须：

- 生长状态良好，壮硕。

- 有着坚实、根系发达的根球，根部健康。

- 长势良好。

- 没有损伤。

- 没有受各种害虫的侵害。

- 要有配套的、大小适合的花盆。

- 生长速度较缓，持续生长中也不需要更换花盆。

- 能适应放置地点和环境。

- 在栽培过程中不需要特殊的养护措施。

一般来说，上述这些要求（如没有害虫）很容易满足。

但还需要注意一些技术和质量方面的问题，下面是对这两个基本概念的进一步解释。另外，为了更好地学习本书知识，有必要先简明介绍一下室外植物和室内植物。

室外植物和室内植物

按照植物的使用场所、相应属性、所处的自然环境和实际生长方式，可以将其分为两大类。

室外植物

在室外使用的植物，通常能够应对地球温带地区的大部分天气条件。无论如何，它们能忍受寒冷的冬季或者能够完成周年生长周期。但是，有些植物在越冬时需要适当地加以遮盖。尽管有些植物可在夏季被用作室外植物，但它们必须在温室里越冬，如许多棕榈类植物。也就是说，室外植物并不意味着一直要放在室外栽培。另外，即使气候条件适宜，也可以把室外植物放在室内，如杜鹃花、圣诞玫瑰等许多花期为春天的植物。但是，在室内久了它们会生长不良，最终必须回归室外。

室内植物

人们常将很多植物摆放在室内，但这样做其实并不符合植物生长发育的自然规律。因为所有的室内植物本来都是室外的热带或亚热带植物，在每年的寒冷季节，它们无法在温带地区的室外环境下生存，所以才把它们放到室内。室内的光照条件、使空气变干的暖气、穿堂风及缺少降雨等因素，都不是植物理想的生长条件。但几乎每个房间的小气候都是这样的，就像温室一样。在室内，只能尽量为植物优化环境条件，虽然很难达到理想状态。

我们经常会把某些室外植物作为富有生机的餐桌装饰物放在室内。

植物的质量

要移植为盆栽的植物的质量当然不能差，尤其是盆栽还要长期保持一定的装饰效果。但是，质量究竟包括哪些内容，某类植物的质量标准是否都是相同的呢？

对于每一个经过前期处理的移植对象来说，根部必须发育良好，须根要结实。从一开始就表现出长势旺盛，可以继续生存或生长。良好的品质还表现在根部看起来很多，（裹着泥土的）根球很牢固。许多种仙人掌和其他多肉植物的根部很难判断，因为这类根部通常很少，并不总是形成牢固的根球。但即使这样，也可以看出根究竟是否健康、活跃。

健康、活跃的根须看起来很多，从根的基部开始，形成了密集的网络。

植物典型的良好生长状态，通常是指植物长势好、发育完全，叶子健康旺盛，开花植物（如果是的话）的花苞良好。至于开花植物的花是开放了好还是花苞期的好，取决于植物的具体种类。如对于杜鹃花来说，花苞期就已经显色了，仅凭花苞就能判断出其质量优劣了；而对于夏日多年生花坛中的金光菊来说，必须待其开几朵花后才能做出判断。

特定生长状态，是指植物在某个时点或某个时段用作装饰物时的状态。如果植物是针对特定场合的，那么它必须具有最佳的效果，也就是说它的花（如果是开花植物）必须是完全开放的，如用于葬礼时。另一个例子：用于春季庭院桌饰的植物可能刚刚萌芽，但必须在接下来的几天或几周内生长发育到理想的状态。

植物的技术特性

植物的技术特性方面最重要因素是指植物对养护和生长空间的要求。这些要求，很大程度上取决于具体植物在自然环境中所需要的生长条件。因此，掌握植物地理学和植物群落学的基本知识以及植物不同的

群落生境和生长地是非常重要的。

植物地理学探寻的是哪些植物生长在地球的哪些地方。植物群落学（也称群落生态学），研究的是植物群落及其与环境的相互关系。所有的生活条件，即光照、空气、土壤、水分、动物的行为及植物对彼此的影响等，都会对这些植物群落产生影响。某自然环境中的典型生物种群被称为生物群落。对于某个具体的植物来说，这就是它的栖息地。

这样，我们才能分析出盆栽植物的需求。如果知道某种植物最初是在哪里生长的，并且知道当地的土壤和气候条件，就可以正确总结出植物的养护要求。比如，热带雨林植物需要大量的水和高湿度条件，沙漠植物则需要较长的干燥时期，夏季开花的多年生植物需要足够的光照才能开花，沼泽植物则需要合适的土壤条件等。虽然园艺品种的适应能力强，即使条件不太好也能在一定限度内保持良好的生长状态，但各种植物对生长环境的一些基本要求仍是有差别的，这也就决定了在花盆里如何配置植物。

对于同一个花盆来说，所选植物的培育要求必须相同，至少应该来自相似的地理环境，这样它们对气候、土壤、水分和养分供应等的要求也基本相同。

下面这些图中的地貌显示了植物群落的多样性，这些
植物群落是根据气候、土壤条件和水资源等自然条件

演化而来，有时也受人为因素的影响。

埃姆斯兰乡下的某处荒原地带，分布着帚石楠、垂枝桦及针叶树
和小灌木。当地羊群在这种景观的形成和维持中起到了重要作用。

分布着山毛榉和银莲花属植物的中欧森林。这里是栎木银莲花
（ *Anemone nemorosa* ）的原产地，开蓝花的应该是希腊银莲花
或亚平宁银莲花（ *Anemone blanda* or *apennina* ），它们形成
了野生小花园。（ 加拉丁学名的，表示该植物没有对应的中文名称。
下文中再出现类似情况，均属此意。编者注 ）

两岸分布着辛辣毛茛、草地老鹳草、尚未开花的黄菖蒲和驴蹄草
的欧洲小河。

阿尔卑斯山的阿尔姆，分布着粉花阿尔卑斯玫瑰（德文名
Alpenrose）、黄花疗伤绒毛花（ *Anthyllis Vulneraria* ）、黄花高
山罂粟、三叶草和裸露的大岩石及碎石。

可以以植物的群体、科属或生长习性为主题来选择所栽培植物。这里有 3 个例子：

这个设计由花盆形状基本上都是方形的多肉盆栽组成，严格地说，这已经不能再称为盆栽了。然而，相对密集的排列分布意味着这种设计整体就像一个封闭的大盆栽。

两种类型的瓶子草（其中一种为食虫植物）是这个盆栽的主体植物，另外还加了一些水生植物作为补充植物。

得益于玻璃屋顶，行政办公大楼走廊区的凤梨科植物盆栽光照充足。并入的藤本植物为盆栽带来了另一种元素，形成了线条型设计风格。藤本植物同样来自热带雨林地区，跟凤梨科植物很搭。

植物的生长习性

植物的生长习性多种多样，各不相同。为了科学、合理地养护它们，我们必须了解一些典型的植物生长习性。下面举一些例子来展开进一步说明。

附生植物 附着在其他植物（大多是树木）上，从而能在茂密的森林里得到足够的光照。但是它们并不从所附着的植物中获取营养，所以它们不是寄生植物。为了获得营养，它们进化出了一些特殊技能。如：某些植物的茸毛可吸收雨水中的水分和养分；某些植物的叶杯可收集雨水和落叶等掉落物，这些物质在随后的时间里腐烂成腐殖质；某些植物的根部具有特殊的、容易吸收养分的外表皮；某些植物长有存储养分的器官，且在干旱时期会减缓新陈代谢。总的来说，附生植物对水分和养分缺乏的栖息地适应性相对较好。如：鹿茸蕨和巢蕨，许多热带兰花（如石斛兰和蝴蝶兰），几乎所有类型的凤梨，一些仙人掌类植物（如仙人棒、部分仙人掌）地衣和苔藓。

凤梨科植物 是一种呈漏斗状生长的附生植物，就是上面所说的具有叶杯的植物。对于这种植物，必须经常浇一点水或多喷洒一些水，特别是叶子上有茸毛的种类，例如蜻蜓凤梨和空气凤梨。顺便说一句，经过数年时间它们会完全成长发育好，此后就一直维持这个样子，不再长大了，且只开一次花，然后逐渐死亡。但侧枝新长出的嫩芽可以继续生长，然后开花，这可能需要几个月甚至几年时间。

多肉植物 可以将水储存在植物的某些部位。具体的植物种类，请参阅第 168 页和第 169 页列表中相应的植物。这类植物的根、茎、叶 3 种器官中，至少有一种肥厚多汁。由于它们能适应缺水状态或较长时期的干旱状态，通常在保水能力很弱的土壤中生长，所以要加入合适的基质。

食虫植物 用特定器官捕捉昆虫，用酶来消化它们，然后将分解的产物——特别是氮作为营养物质。这种能力是为了适应贫氮的生长环境，例如沼泽地。植物用各种变态叶捕捉和消化动物，最著名的有捕蝇草叶子顶端的捕虫夹、茅膏菜和捕虫堇叶面分泌的黏液、瓶子草的管状叶以及猪笼草的捕虫笼。

光周期

适应不同季节的日照时间变化也是植物的特性之一，具体情况是由植物原产地的环境特点决定的。决定性因素是黑暗的持续时间。长日照植物需要长时间的光照和短时间的黑暗阶段，而短日照植物需要短时间的光照和长时间的黑暗阶段。短暂的干扰光或月光可以中断黑暗阶段。各阶段的持续时间可以影响植物的生长进程，尤其是开花。植物的这个优势可以调整选择对自己最有利的生长阶段，例如当授粉昆虫不飞行时，就不必消耗能量开出花朵。可以将这个特点用于园艺以调节植物生长。花商或培育者至少需要充分了解这一点，购买者也要明白：如果想要植物再次开花，可能需要采取相应的措施。典型的长日照植物有翠雀属植物和向日葵，典型的短日照植物有一品红（圣诞花）和伽蓝菜属植物。

在土壤类基质中的栽培技术

绝大多数盆栽植物都是在土壤类基质中栽培的。记住一些基本的要求对正确栽培植物很有帮助。

植物栽培要求

在栽培植物时需要注意的是：

■ 根据使用地点选择合适的花盆。

■ 在需要排水的地方做好引流。

■ 使用合适的土壤基质。

■ 选择完美、精良的植物品种。

■ 根据环境的具体情况选择植物。

■ 把对环境要求一样的植物放到一起。

■ 不要把植物栽培得过于密集，要为其进一步生长留足空间。

■ 将植物牢固地插入基质中，但不要挤压根部，尽量不要损坏根毛。

■ 要留足浇注边缘。

■ 插入的装饰物或土壤表面物质（下文有详细介绍）要固定好，特别是当它们超出浇注边缘的时候。

为了便于操作，有些技术方面的名词必须解释清楚，另外种植场所的环境条件也要考虑。

排水

排水，指的是排出多浇的水和雨水，这样可以避免内涝，保持根球通气，防止根部腐烂。因为室内栽培的花盆盆底没有排水孔，所以排水系统的体积必须更大。如果排水材料具有毛细管的话，水可以保留在排水材料里面以便植物再次利用。即使这样，浇水时也要比对待室外盆栽更加小心。填充到花盆最底部的排水材料必须用透水和透气的绒布与土壤分离开来，避免土壤逐渐渗入排水材料，进而使丧失材料排水效果。

根毛

植物主要利用根毛通过渗透作用吸收水和溶解在其中的营养物质。这些根毛是单细胞的，非常纤弱、敏感。它们只在幼根的顶端形成，随着根部的继续生长，原有的根毛会逐渐死亡。

浇注边缘

浇注边缘（德语为 Gießrand）指的是花盆类容器壁上沿（向外斜着）高出容器主体的部分。留出这个边缘是很有必要的，这样在倒水时，水不会流出花盆，否则水可能会将土壤等基质冲走。通过这个浇注边缘，给植物浇水更容易，也不会弄脏它，并且浇入的水也可以完全渗入土壤。

装饰物和花盆基底

除了石头和苔藓外，花盆基底装饰物通常还有树枝，根节等。必须将这些东西和其他装饰物固定结实。可以用金属丝将材料附接在基底山，可以通过钻孔连接将材料固定好，也可以把带有分枝的枝条直接插进盆栽基底中（这样更方便）。有时候，还可以用石头或混凝基座之类的东西连接好植物的某些枝条，放在花盆的深处，然后用土壤等基质覆盖好。

插入的细竹棍将栓皮栎树皮固定在了盆栽土壤里。

(1)

(2)

(3)

(4)

(5a)

(5b)

盆栽工作桌

盆栽工作桌也称盆栽工作架或盆栽工作台（叫花架也行，国内不常用。编者注），是用来承载盆栽和相应物品的。它必须为盆栽植物、花盆、园艺工具和土壤提供足够的空间；背面和侧面边缘应高出桌面20厘米左右，以防止土壤洒落，并且要耐潮、耐脏，能容得下不同规格的移动托盘和花盆，镀锌板材质就很适合；在盆栽工作桌下面可以放置喷壶、肥料、处理土壤表面所用的工具（小耙子、小铲子之类）、储备的土壤和废料池。

盆栽种植流程

盆栽种植可以划分为准备工作和种植两部分。

准备工作

首先，准备所有必需品，即植物、花盆和辅助材料。

(1) 选择花盆。注意植物、栽培要求、摆放位置等因素。这时还要准备好土壤表面处理材料。

(2) 然后将排水材料（如膨胀黏土、陶粒等）填充到花盆中。排水层用透水性纺布覆盖，以便之后加入的土壤不会渗入排水材料。

(3) 现在选择合适的栽培土壤，通常是现成的盆栽土壤。在这里我们选择的是兰花土和泥炭花土的混合物，因为我们栽培的是凤梨类植物，它和兰花一样属于附生植物。如果不想用配好的土，可以到树木节孔和树皮裂缝中找找看。

(4) 在正式种植过程开始之前，准备好要种植的植物。

(5a) 必须先将盆中的植物彻底浸湿，将干燥的根部泡在水中。

(5b) 对于根球不太干的植物，也可以通过正常的浇水充分浸湿。要特别注意的是，在任何情况下，干燥的根部都不能从后来填充的新鲜土壤中吸收足够的水分。

植物种植

现在正式进入种植阶段.

[6] 在处理所选的植物时，必须将折断或枯萎的部分去掉。

[7a] 现在将植物从小陶盆中取出来。可以用一只手捏住小陶盆，用另一只手轻轻地往外拉动植物，使牢固固定在小陶盆壁上的根球分离开。

[7b] 通常情况下，植物的根与小花盆（尤其是陶盆）结合得都很牢固。可以将植物向下倾斜，用一个手掌握紧花盆底部，将小花盆边缘在木桌子上小心地撞几下，以使根球散开。

[8] 对所有移植对象的根部进行检查。根球应该很好地连在一起，具有该植物应该具有的特性，根本身应该光亮、健壮。腐烂、完全干燥或严重受损、松松散散的根较差，不宜移植。如果存在个别干枯或损坏的根是没关系的，可以在这一步除掉。

[1] 将植物放置在填好的土壤基底上，或者沉入一点点。先种植最重要或者最大的植物，然后种植较小的地面覆盖植物。在此过程中要给每个植物留有足够的空间来伸展和生长。

[2] 按压好每株植物，但不要太紧，保证植物根球和

土壤基材之间的紧密接触。将根球埋好后，通常会在土壤表面形成一个低矮的小土堆。如果花盆很大，可以模拟自然界的地面效果，使土壤表面具有一定的高度和深度。在边缘处，所有的根球必须留在花盆边缘下方，以形成大约两指宽浇注边缘。

〔3〕现在，在根球周围添加表层土。按压根球周围的土壤，注意不要按得太硬。

〔4〕现在进行浇水，使根球与新鲜的土壤基材充分接触。

〔5a〕可以在剩余的空间里添加一些适合盆栽植物的东西，这里主要是与凤梨类植物的附生生活方式息息相关的（干的）东西。

〔5b〕这时，可以看到土壤表面有树皮或树根之类的东西。苔藓也可以，它还可以保护土壤表层长时间不干燥。

〔6〕最后，擦掉花盆表面的水滴和土壤残留物。花盆边缘被叶或细藤覆盖的地方也要清理干净，不要留下杂质。

〔7〕可能还需要将一些叶子上的残土除去。对于敏感的植物，可以用软布或软毛刷处理。

这个生机勃勃的盆栽得到了长期的精心养护。里面有长苞铁兰（*Tillandsia leiboldiana*）、擎天凤梨栽培种（*Guzmania* Cultivar）、吊竹梅、网纹草和红茎冷水花（*Pilea glauca*）。

这两个室内盆栽中除了干树枝之外，兰花、苔藓和空气凤梨都是附生植物。为了避免兰花因浇水过多而被浸泡坏，根球表面不能覆盖苔藓，把苔藓直接放到花盆外面。花盆和苔藓要贴合紧密，另外花盆里还要衬上塑料薄膜，这样在浇水时就不会漏水了。但在浇水时仍然要小心，更要记得定期给植物喷水。

特殊案例：附生植物

对于附生植物，必须按照它们自己的生长习性来培育，例如给凤梨类植物浇水时要浇在叶杯里。如果想要按照附生植物在自然栖息地的样子来处理，我们先要用附有苔藓的长绕线包裹附生植物的根球，使根球变小，然后把它绑在树枝或树根上，可以借助金属丝或提前钉好的钉子来固定。但不管怎样处理，最后都得把这项技术遮盖并隐藏起来，可以再次使用普通苔藓或西班牙苔藓（即 *Tillandsia usneoides*，英文名 Spanish moss，是一种附生凤梨。上页左图中有。编者注）。

用长绕线把苔藓包裹在蕨类植物的根上固定好，接下来就可以将其绑在树枝上了。至于浇水，可以在蕨类植物上面喷洒；也可以把它从（树枝上的）钉子上取下来在水中浸泡一下，然后复位。

其实，大多数附生植物也可以直接种植到放有合适基质（起固定植物、供给营养作用的物质，不一定是土壤）的花盆中，如上页所示的栽培作品。这时，花盆的作用就相当于自然界中的空树干或大树杈。别忘了给它们喷水，也别忘了把一部分水浇在叶杯里。

特殊案例：无土栽培

在无土栽培中，膨胀黏土是唯一的起固定植物作用的基质，离子交换肥料（见右）提供营养成分。可以将植物置于防水性好的塑料花盆中，也可以放入适合无土栽培的专用花盆中。这种专用花盆的底部有个凹槽，里面可以放入缓释型营养物，可以使用好几个月。在花盆侧面有一个水位指示器，用来监测花盆里水位的高度。指示器上的刻度有最小、最佳和最大 3 档，当水面升高到植物根尖时就是最佳水位。

在大型容器中，所有植物的根部应处于同一平面上，保证其有同等的吸收水肥的机会。在这种情况下，独立的水位指示器需调整恰当，保证膨胀黏土和离子交换肥料能根据植物需求供给营养。因此，适合无土栽培的植物必须根系发达，新生根不能太软，并且短期内它们必须能够应对低水位。它们大多数是绿色植物，不常开花，且多肉植物不太合适。

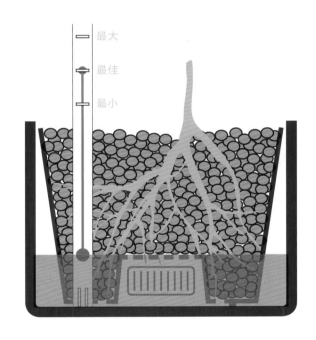

最大

最佳

最小

离子交换肥料是以营养离子的形式储存于塑料球体中的。离子交换机制较为复杂，简单来说，塑料球体释放营养离子到水中，吸收水中不被植物吸收的离子，形成离子交换，达到离子浓度的动态平衡。离子交换肥料可以避免水体富营养化，从而在种植中能够作为长效肥料被广泛使用。

盆栽养护

完成栽植后，就可以把盆栽交付给顾客了。全面周到的园艺服务还应包括给出进一步的养护建议，必须向顾客说明植物所需的光照及浇水和施肥等知识。当然，如何防治植物病虫害的基本知识也是不可或缺的。

光照

植物的生长方式很独特，它们只能通过光从外界捕获能量并将其从土壤中吸收的物质结合。在适宜的温度和足够的光照条件下，它们利用叶绿素将无机物（水、二氧化碳）转化成有机物碳水化合物。在这个过程中，氧气被释放到空气中，光能被储存在碳水化合物中。当通过呼吸、异化或者动物的消化作用使用这些碳水化合物时，这些能量被释放出来并用于各个组织器官的生长。所以植物的光合作用是所有生命延续的基础。

明亮和昏暗

只有了解特定植物所需的光照和照射方式，以及植物需要的光的组成有哪些、比例是多少，才能判断光照是太强还是太弱。与人眼不同，植物吸收的光其实是红色和蓝色区域的光波。而植物反射的是与绿色相对应的光波，即最常见的植物颜色。人眼可以通过加宽瞳孔和改变视觉细胞的敏感性来较快地适应光照，而植物最多可以将叶子转向光源并相应地调整表皮细胞的叶绿体。如果植物生长的地方不能提供足够的光照，植物最终长出的叶子可能会很大。当我们觉得光照已经足够强的时候，对于植物来说可能会很弱，所以了解植物原生地点的光照条件十分重要。来自中欧森林边缘地带的蕨类植物适合有部分阴影的地方，但不能承受烈日暴晒；来自沙漠或草原地带的非洲多肉植物则需要烈日的照耀。

室外光照

根据光照情况，可将室外的地方分为 3 种：阴影区、半阴区和明亮区。植物的需要哪种光照条件取决于其生长栖息地。

阴影区 并不意味着黑暗，而是这个地方有散射光，没有直射阳光。生长在阴影区的植物有蕨类、羽衣草、玉簪、筋骨草和报春花等植物。

半阴区 指的是光线较好，明亮，但同样没有直射阳光的区域。适合半阴区的植物充其量可以接受短时间的阳光直射，但正午时不可以，必须用进行适当的遮阳。许多植物都适合半阴区，甚至会在半阴暗的情况下开出很多花朵，比如球根秋海棠、倒挂金钟和"忙丫头"（此为德语名 Fleißige Lieschen 的直译，凤仙花的一种，花期可长达 5 个月。编者注）。

明亮区 也就是阳光直射的地方，光照非常充足。大多数的夏季观花灌木，如大丽花、康乃馨、花烟草、龙面花、天竺葵、马鞭草等适合生长在明亮区。对于在光照特别强的地方生长的植物，必须多给它们浇水。但不要在光照强时候浇，而是在清晨或傍晚进行，否则水滴就会像放大镜或者凸透镜一样，通过它们的阳光可能会灼伤植物。

室内光照

光波沿直线传播，被物体反射，产生散光。但是，一般来说照射到室内的光线虽然不是很强，但足以使植物健康生长。而且，光照强度取决于向阳窗户的位置，还要考虑到窗户周围的树木或建筑物是否影响采光。下图显示了无遮挡的朝南窗户的光照条件。

在距离窗户只有一两米的地方，光照强度就降低了很多，以致植物不能很好地生长。在窗户的左右两侧——大概是房间角落以及窗户正下方的位置，光照通常很弱，因为光线沿直线传播，不能直接到达这里。很显然，我们必须经常转动室内植物，从而使它生长均衡，因为几乎所有的植物通常都是向阳生长的。

如果窗户被遮挡或朝北，这对植物生长更加不利。因为这意味着仅有少部分的光线能够射入房间，而且还比较弱。

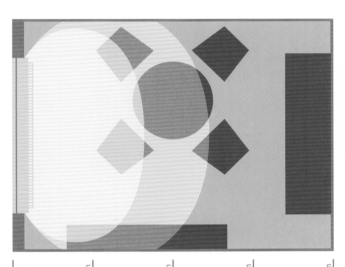

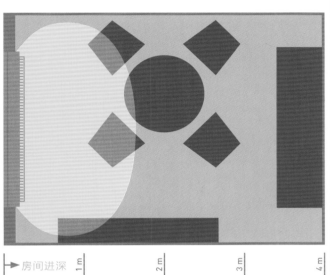

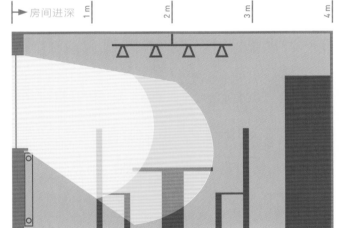

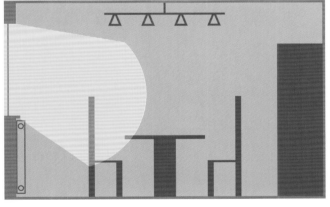

虽然可以安装专门的植物生长灯，但这需要安装大量的灯，而且灯的功率也不能小，否则就起不到作用。叶子上的灰尘是影响植物采光的另一个因素。灰尘会阻碍光线直射到叶片表面、进入叶细胞，使光合作用的效果大大减弱。尘埃就像覆盖在植物上的一块薄布，导致光照变弱。

虽然南美的红苞喜林芋、肖竹芋属植物和附生的多肉植物玉柳（*Rhipsalis paradoxa*）从植物群落学角度看可以在一起生长，但由于生长习性的不同，它们的需水量不同，因此要用两个嵌套式的塑料物件插入土壤，将玉柳和其他的观叶植物分隔开来。这个带有特殊花盆的盆栽现在看起来别具一格，似乎很适合在室内生长，但实际上由于缺少于光照，盆栽植物眼下的这种良好状态并不能持续多久。

其他环境因素

除了光照之外，还有些其他类型的环境因素也是很重要的。

室外天气

在室外，尤其需要注意的是降水情况，特别是暴雨、降雪和降霜等天气；另外，还要注意刮风情况。对于下雨我们只能采取一些适当的防护措施，比如搭建顶棚、保证花盆能正常排水等。

刮风的时候要考虑到植物的抗倒伏能力。如果植物容易被风刮倒，那就不要把它放到招风的地方。

尽量采取一些冬季保护措施来防霜、防雪，例如可以用草席覆盖植物。尽量选择耐寒的植物。关于环境因素和季节因素的比较也可参阅第 56~89 页的相关内容。

室内空气

关于室内空气，首先必须注意以下两方面内容：

暖气风

暖气风的缺点很明显，如其温度会影响空气的湿度，室内温度越高则空气湿度就越低。开暖气时，室内的空气湿度一般远远达不到植物正常生长的要求，结果会导致蒸腾作用增强，植株脱水，甚至出现喜欢温暖环境的虫害。如果直接把植物摆放在暖气装置的上面——最常见的便是窗户周围，情况会更糟糕，而且室内温度一般对于植物来说也过高。对于室内植物而言，最关键的是要增加空气湿度，散热器上放置加湿器以及给植物多浇水会起到很好的效果。另外需要注意的是，有些植物——例如蕨类植物，不能适应热的、干燥的室内空气。

穿堂风

穿堂风会促进植物的蒸腾作用。伴随着蒸腾作用会产生一定程度的冷却现象，造成植物温度降低，从而减缓植物内部的一切生长运作。所有这些会导致植物枯萎和叶子脱落，长期如此会使得植物发育不良。如果进入房间的外部空气温度很低（寒冷）甚至带有风霜或室内外温差较大，后果会更严重。因此，不能把植物直接放在敞开的窗户旁，尤其是在冬季。

盆栽供水

水是植物的主要组成部分，承担着许多重要的功能，下面列举一些主要的：

- 水可以作为营养溶剂，溶解营养物质，运输营养离子和同化物。

- 它是控制细胞内压力（膨压）不可或缺的成分，决定了植物所有部位的硬度大小。

- 通过植物表皮和叶片气孔处的蒸腾作用维持营养输送，在一定程度上具有温度调节功能。

- 光合作用需要来自水的分子和原子。

水会被根毛细胞吸收，并以渗透的方式从一个细胞进入另一个细胞，也就是通过细胞间的扩散作用，最后到达根的维管束。这里有专门的运输通道将水向上运输。植物在地面上的部分，主要通过气孔以及叶子的表皮细胞蒸发水分，这就需要根部不断地来获取水分。有些植物也有腺体，称为泌水孔，当植物因为环境过于潮湿而无法发挥蒸腾作用时，它们可以主动释放水分。所以，我们必须参照水分的消耗量给植物浇水。

这种类型的盆栽，让人想起茂盛的草原植物，但浇起水来有一定的难度。首先，花盆没有排水孔。由于花盆比较浅，小心浇水的话虽然不会形成积水，但还要注意防雨，并且控制好浇水量。另外，因为花盆体积小，土壤中几乎没有储备水，所以如果天气干燥或温暖时，需要每天浇水。建议经过培训的花卉种植者选择这种要求高的栽培方式。也可以在花盆上钻几个孔，但这样的话，这个盆栽在别的地方就不适用了。

浇水

在给植物浇水时需要注意以下几点：

■ 注意特定植物的用水需求。

■ 硬水，也就是含钙较多的水不适合作为灌溉用水。软水，像收集的雨水，是最好的。

■ 水温要适合，不要太热或太凉。

■ 一般不要天天浇水，而应偶尔浇一次水，一次多浇些水。这样根部的土壤会变得干燥，保证根部接触到空气。但室外栽培不一样，在阳光强烈的情况下要天天浇水。

■ 根部不能完全变干，否则根毛会死亡，即使再次浇水也很难逆转这一损伤，多肉植物除外。

■ 不要只在植物的一边浇水，应该在其周围浇水，保证水分浸透均匀。

■ 多余的水不可以留在花盆中，要防止积水。

■ 不同的植物，浇水间隔也不一样，如多肉植物的浇水间隔较长。在间隔期间不需要浇水。

■ 许多植物的根茎不能被水淹到，所以必须从一侧或者从底部小心翼翼地浇水。也就是说花盆底部要有孔，比如花盆要放在一个不漏水的托盘上，我们把水倒进托盘里，这样使植物就可以通过毛细作用从土壤中吸收水分。

■ 一般当植物被阳光照射时不应该浇水，否则水滴就会像放大镜或凸透镜，可能会导致植物灼伤。在阳光下只能给土壤或根部周围的地方浇水。

积水 是指盆栽植物的根部或其周围的土壤一直是湿的。浇水过多或者室外盆栽遭受大量降雨而花盆的排水性能不佳，是形成积水的主要原因。必须避免积水发生，否则超过一定时间后植物根部就不能透气，还会腐烂。如果根部坏掉，就无法再吸收水分和营养物质，植物地面上的部分便会逐渐枯萎。

喷洒

生长在十分潮湿的环境（就像热带雨林这样每天都会下雨的地方）中的植物，在室内栽培时必须定期洒水。凤梨科的一些植物，例如空气凤梨，几乎完全要按照这种方式来给水。热带兰也可以这样来打理，因为它们有专门的根来适应这种环境。鹿角蕨科植物长有看起来像微尘一样的叶毛，它可以吸收水分，产生雾化现象，所以不要把这些叶毛清洗掉。喷洒时要注意使用软水，否则水滴干燥后水垢会留在叶子上，会显得很不美观。刚喷洒过的植物一定要避免阳光直射，如果把植物直接放在窗户玻璃后面，灼伤的可能性会更高。

植物的营养供应

植物一般需要持续地从它们所在的基质中吸取营养物质，为此，我们必须及时添加相应的肥料。

图中倒的是甜菜浆制成的有机肥，按照产品标签上的说明，用水稀释并倒入阳台盆栽的基质中。

肥料的种类和形式

我们可以按照不同的标准，将肥料分类如下：

- 液体肥料。

- 固体肥料（颗粒、棒状、盐晶体）。

- 无机（矿物）肥料。

- 有机肥料，如木屑和粪便。

- 速效肥料（即化肥），该类肥料可以给植物提供能直接吸收的营养物。

- 缓释肥（又称长效肥），溶解度较低，肥效持久，可供植物逐渐吸收营养成分。

- 含有多种营养素的复合肥料（氮、磷、钾等重要元素和微量元素）。

- 只含有单一营养素的单质肥料，如尿素只提供氮素营养。

- 某些特定植物的专用肥料（开花植物、绿色植物、兰花、仙人掌、多肉植物等）

大多数矿物肥料需要提前稀释或溶解，然后在浇水时提供给植物。有机肥料，如角屑肥料，应掺在土壤里使用。长效肥料逐渐释放营养物质，可以减少过度施肥的危险。而离子交换肥料在无土栽培部分已经简单地介绍过了。

重要元素

本书的主题是盆栽花艺，太过详细的肥料知识不是我们介绍的重点，因此，下面只简要解释 3 种最重要的植物营养元素，也被称为大量元素：

- 氮（N）用于植物生长，是叶绿素、蛋白质和维生素的组成部分。绿色植物肥料中氮含量较高。

- 磷（P）在植物繁殖过程中（即花和果实的形成）起着重要作用。促进开花的肥料含磷量高。

- 钾（K）可促进水的吸收，提高植物的抗旱和抗寒能力。多肉植物需要钾含量较高的肥料。

这些大量元素在肥料中的比例可以用数字来表示，顺序为 N-P-K（氮－磷－钾）。数字表示每种大量元素在整个肥料中所占的百分比。这样我们就可以区分肥料是氮含量高的绿色植物肥料（如 7-3-6）还是高含磷量的供开花植物使用的肥料（如 7-8-6）。连大量元素的总浓度也可以从该组总数字中得出（上述两例中，大量元素总浓度分别是 16％ 和 21％）。

正确施肥的要求

施肥时，必须注意以下几点：

- 植物的生长状况。

- 根球状况，即根球干燥的时候不可施肥。

- 植物的生长周期或可能存在的休眠期。

- 肥料的类型。

- 液体肥料、浓缩肥料、即用型肥料、颗粒状肥料的构成。

- 足够的施肥间隔时间。

- 包装上标明的肥料浓度或施肥量。

过量施肥

通过反渗透作用和根部细胞中的溶酶体，过量施肥会在很短的时间里导致盐损害。当然，如果施肥过多或过于频繁，尤其是当植物根部还十分干燥时，根毛细胞可能会由于肥料浓度太高而在短时间内死亡。参考前面提到的几条注意事项，使用逐渐分解的缓释肥料或有机肥料，可以避免过度施肥的伤害。

其实，施肥和浇水一样，在大多情况下多一点还不如少一点。

植物保护

到目前为止，所讲解的都是有关栽培的知识，接下来就是如何正确养护植物，这时植物保护所需的基本条件大都已经满足，如：植物应当是茂盛的，枯萎、开败的枝叶等要在腐烂之前尽早除掉，保证最佳养分供应，按时浇水等。然而，现在仍然有可能出现有害生物。当然，我们接下来要讲的植物保护知识并不全面，而是一些花艺从业者常见的典型性通识内容，范围包括植物虫害和植物病害。此外，我们还参照了相关法律资料，列出了虫害控制基本条例作为本章的结语。

植物虫害

植物害虫的种类相当多，从线虫到蜗牛，从节肢动物到啮齿动物，许多动物对植物都是有害的。对于盆栽植物来说，主要是节肢动物中的螨类和昆虫。为了不超出本书的主题范围，螨指的只是叶螨类，昆虫本书只列举出了3类，而比如蓟马和象鼻虫之类则没有提及。每类中又可以分为许多种，在德国光蚜虫就有差不多80种。然而，从花艺的角度来看，基本了解一下几种主要的害虫和它们的生活方式就可以了。

蚜虫

© FotoLyriX - Fotolia.com

叶片背面、嫩芽和花蕾上会出现绿色、黄褐色或黑色的蚜虫。它们在那里刺进植物体内，吸取同化物。它们的有毒唾液会导致植物生长受阻、叶片卷曲，甚至部分植物死亡，总体上就是植物发育不良。蚜虫排泄

的蜜露会产生大量黑斑，不利于叶片光合作用的正常进行。

叶螨

© chuc.de - Fotolia.com

叶螨，也称红蜘蛛，取食植物组织细胞，主要活动于植物的芽尖处和叶脉处。如果褪色的叶片上出现因为被害虫取食组织细胞而产生的浅色的点，这就是植物受感染的典型特征。随后，叶子逐渐枯竭死亡，干燥的空气（如暖气）会加速害虫感染。

粉蚧

© Daniel Nimmervoll - Fotolia.com

粉蚧通常寄生在仙人掌和硬叶植物的叶腋上，以及枝条和叶片背面。它们形成白色至黄色的蜡质排泄物来保护自己，看起来像羊毛球。它们刺进植物体内，取食组织细胞。这种害虫会排泄大量蜜露，导致烟煤病发生。总之，它们最终都会使得植物黄化和发育迟缓。

介壳虫

介壳虫是一种鳞状昆虫，生长在叶腋、叶脉下面以及茎上（主要是硬叶植物）。它们刺进植物体内，吸取汁液。成年介壳虫是不动的，并有一个棕色的防护壳，这个壳能很好地保护自身，使它们很难被消灭掉。幼虫在植物上爬行，颜色小而浅。有些害虫分泌大量蜜露，并伴随产生烟煤病，造成植物发黄和发育迟缓的后果。

© emer - Fotolia.com

真菌病害

如果注意保持植物卫生，也就是经常用干净的手和干净的工具来接触植物，可以相对避免真菌病害，但不能完全避免。即使植物被保护得很好，真菌孢子通过风或有害动物也可以传染给健康的植物。下面简单介绍一下 3 种常见的真菌病害。

灰霉病

不管植物组织是死是活，都可能会感染灰霉病，不健康或不卫生的植物特别容易感染。因为灰霉病是由灰葡萄孢菌侵染所致的，所以看起来是灰色的。真菌菌丝侵入植物组织并将其摧毁，植物组织从棕色变成黑色，然后腐烂。灰霉病是由湿度过高导致的，通常多发于植物种植密度过大的情况下。

白粉病

白粉病的外部表现特征是在叶片表面、芽、嫩枝上呈现出白色粉末状，植物表面被一层真菌所覆盖。植物的表皮细胞被真菌通过吸器（植物寄生真菌的吸收器官）打开，阻碍了植物光合作用的进行，严重地影响了同化物的吸收，所以叶片背面的下层组织变成了红棕色。最终，植物的生长受到干扰，导致整株植物死亡。

霜霉病

霜霉病的症状是在叶片上像有一层灰白色的涂层。霜霉菌是一种专性寄生菌，菌丝侵入植物体内，破坏海绵组织细胞。通过气孔长出带有子实体的菌丝，在叶片表面形成涂层一样的东西。叶片上面的斑点会从淡黄色变成棕色，最后变成红色。在感染严重的情况下，会导致植物部分枯萎和死亡。

法律方面

在防治植物虫害和植物病害方面，必须注意一些法律规定。但由于相关法律法规系统庞杂，很难逐一解释清楚，而且也不是本书的重点，所以下面只介绍了部分重要的内容。建议大家看完下面的内容之后，进一步去了解更多相关法律信息。

在德国，花农和花商必须通过考试，并掌握植物保护相关的专业销售知识，才有售卖植物保护产品和给顾客提供建议的资格。但是，任何人不得擅自执行任何商业行为的植物保护措施。

为了能够很好地为顾客提供建议，园艺师必须具备相应的知识。例如：保护有益生物非常重要，保护蜜蜂和水源义不容辞，植物保护产品必须有许可证，播种方式必须遵守包装上的说明书，农药残留必须按照法律的要求进行处理，并遵守虫害综合管理规定等。

虫害综合管理 是指，为了尽可能减少化学物质对自然环境的伤害，采用先进的种植技术、物理方法、生物技术和 / 生物防治等措施来保护植物。虫害综合管理要依法保护环境，相应的保护措施有：培育和种植健壮的植物（种植技术），除去如蜗牛这样的害虫（物理方法），利用黄色粘纸来捕捉害虫（生物技术），利用益虫如澳大利亚瓢虫来消灭粉蚧（生物防治）。

用户须知

下面总结了用户使用农药必须要注意的几个方面。顾客或使用者可以到网址 www.blooms.de/basics-pflanzenschutz 下载相关建议。可以时常查看，也可以打印多份，这样购买农药的顾客可以按照这些建议来使用农药。

农药使用说明

- 遵守使用说明（剂量、喷雾量、用途）。

- 注意危险符号。

- 注意保护蜜蜂和水源。

- 使用时的特别注意事项，如：要穿防护服，不要吃、喝、吸入农药，特别要注意避免皮肤接触产品，不要吸入喷雾等。

- 注意保护家具。

- 不要在阳光下喷洒，因为水滴会起到凸透镜的作用。

- 不要在高温度下喷洒，避免农药蒸发得太快。

- 不要在风中喷洒，避免洒到其他地方和别的植物上。

- 不要在下雨或大雾的时候喷洒，否则农药会很快被雨水冲洗掉。

- 喷洒植物的所有地方，包括很难喷洒到的地方，使所有的害虫都接触到农药。

- 根据害虫的生活习惯，按照使用说明重复喷洒。

- 使用后彻底清洁设备。

农药保存

- 放置在无霜冻、凉爽、阴暗且干燥的地方。

- 不要与食物和饲料放置在一起。

- 只能放置在原来的包装盒里。

- 按照使用说明存放。

农药垃圾处理

- 不要把农药残留垃圾和生活垃圾放到一起。

- 稀释少量的剩余农药，喷洒到对应植物上。

- 应把不再使用的大量剩余农药送至污染物处理站。

- 应把不明的剩余农药送至污染物处理站。

- 只有当包装盒完全空时才能将其放到生活垃圾里。

- 当包装盒里还有部分农药时要将其送至污染物处理站。

只有当其他保护措施都使用过（如植物综合保护措施）且无效果的情况下，才可以在私人领域使用化学农药。

II 设计基础 好好结合

与所有的花艺设计相同，盆栽花艺也必须遵守一定的设计规则，以达到最佳效果。 因此，首先要确定都有哪些设计要求、它们的具体内容是什么，然后考虑和观察设计理论中的各个层面，最后做出理想的设计方案。

设计要求

所有的盆栽花艺必须要在造型设计上满足以下要求：

■ 必须要达到预期的装饰效果。

■ 在植株的排列上，必须要尽可能清晰明了。

■ 设计类型必须尽可能清晰明了。

■ 在比例上，必须达到平衡。

■ 在颜色上，必须与周围环境或房间及里面的家具和谐一致。

■ 在风格上，必须与周围环境或房间及里面的家具和谐一致。

■ 在花材颜色上，必须达到和谐。

■ 必须符合所使用的场合以及对应的主题。

■ 土壤选择必须要在风格上以及在植物群落学方面与花材相适应。

■ 花器与所选择的植物必须要在颜色、风格以及比例上互相协调。

■ 任何添加的装饰物都需要与场合相匹配。

■ 必须根据盆栽植物的最佳效果来考虑各种材料的相容性问题。

■ 要尽可能地考虑植物的花艺效果，对于盆栽植物来说这是至关重要的。

为了能够尽可能地满足这些要求，我们必须知道关于花材和辅材设计特点的知识，特别是花器。

为了回答这些问题，我们会在之后的内容中讲解基础知识。关于这些知识的应用，我们会在之后用大量的示例进行介绍。

花材及辅材的设计特点

如果想要设计植物的话，就必须要知道它们各自的特点。在设计层面上，这意味着要对植物的生长姿态、质感以及色彩方面都有清晰的理解，并且能够确定与之相符的效果要求以及表达。同样也要注意花器方面的相同和相似性。你必须要创造性地来利用这些要素，使每个植物个体和盆栽植物整体都能充分展现出理想的效果。

形态的各个方面
植物的生长及生长姿态

在设计盆栽作品的时候，对盆栽植物区别于其他类型的植物性花材的形态特征必须要认真考虑。原因很简单：在一般的花艺设计中，花材基本上都是从花市买来的，像鲜切花一样是单个呈现的，拿来就能直接用，其形态特征基本上不会发生多大变化，我们也很少去考虑它们；但盆栽植物呈现出来的是整株植物，不能随意剪切，另外它们还会不断地生长变化（高茎的植物尤其明显），所以其整体的典型性习性与特征才是最应该考虑的因素。下面的第 38 和 39 页中，我们根据生长姿态，对植物进行了分类。由此，我们可以方便地得出适当的设计处理方法和必要的自由空间。因为植物还会继续生长，所以这些自由空间对于盆栽花艺具有特殊意义。这也表明，植物的自然生长运动和其生长姿态与设计有着非常密切的关系。

借助黏合技术，用泥炭土和半球形的聚苯乙烯泡沫所制成的花盆具有泥土一样质朴的感觉，可以作为植物生长的天然花器。所使用的
植物具有不同的生长姿态且分布合理，从而使得它们在整体的视觉上呈现最好的效果，并且能够继续很好地生长。

直立
翠雀的穗

悬垂
翡翠珠（*Senecio rowleyanus*）

© Simone Ahlers

直立－聚拢／圆顶
利兰柏树
（*Cupressocyparis leylandii*）的球形高冠

多向分枝
凤梨

直立－多向分枝
瓜栗（发财树）的主干部分

侧向向上
密房石斛（*Dendrobium bigibbum*）

直立－单向分枝
兜兰属植物的花茎

横向向外
薜荔的嫩枝能够平铺于地面，既不悬垂也不攀援

聚拢
石莲花属植物
（*Echeveria* Cultivars）

不稳定

绿玉树

铺散

澳洲金合欢（*Acacia paradoxa*）

花器的样式

花器样式多种多样，并且对于某种具体的植物而言，所适宜的花器的样式也不是唯一的，可能有丰富的多样性。重要的是，花器与植物之间要达到和谐，并且也要与周围的环境相符合，才能产生最好的效果。对于较高且细长的花器来说，可以选择较长且悬垂的植物与之搭配，也可以选择较高的植物，还可以选择较低的植物来搭配以产生有设计感的反差。立方体形的花器能够产生一种建筑物般的效果，然而它们通常比球形和大腹的花器更难用于设计和表达。盒状的花器适用于线条型的设计形式；而在浅而宽的盒子中，人们可以选择将植物错开，并将其在空间上进行很好地群组。在风格上，花器的形状是很重要的。一个古典的双耳瓶更像是一种装饰设计，而一个立方体形的花器则具有十分现代的效果，并与线条感明显的植物相得益彰。在这里并没有什么放之四海皆准的规则，需要遵从的原则只是适宜的比例。具体情况不同，作品的设计效果也各不相同。

质感和形态

在介绍设计元素质感和形态（在花艺设计中，二者被归为花材的形状特征）之前，要更详细地了解这两个术语，必须先准确定义它们。在盆栽主题中尤其明显的是，质感和形态描述植物是有区别的，尽管它们经常被用作同义词。

定义

室外种植的形态类植物（或称主景植物、观叶植物，编者注），是指那些主要以其整体生长形态或有质感的整株叶片、花序等装饰环境的植物，而不是单纯以其色彩鲜艳的花引人注目的植物，例如草。虽然涉及到叶簇和花序的质感，但更强调的是它们的形态。这类植物一般会呈现出深浅不同、浓淡不一的绿色。因此，形态类植物可在色彩缤纷的花海中塑造出平静的区域，并且可以协调整个设计。如此，术语形态的含义与术语质感的含义之间的不同就变得清晰了。

从形态上讲，单株植物的形态是指它的外部空间状态。其形态的不同表现在分枝疏密与方向、叶片大小与位置、花序的形状等诸多方面。在花器方面，花器壁的形态是指诸如篮子的编织造型、金属容器的弯曲或特别强烈的凸起等。

另一方面，质感是指物体表面呈现、材料材质等方面引起的主观审美感受。但其客观属性是很重要的基础，尤其是下面介绍描述花材的质感均来自众所周知的物体。体现质感的客观属性实际上超越了质感本身，因为它包含了物质的全部属性，并不仅仅涉及表面。质感的特征通常是由粗糙、光滑、坚硬、柔软等词汇描述定义。下文的插图部分介绍了更详细的质感术语。

植物的质感

对于植物的质感，下面将用我们熟悉的日常词汇来描述。

不同的质感主要有：玻璃质感（绿色的黑嚏根草花），瓷质感（黑鳗藤花），金属质感（海芋叶），漆质感（红掌佛焰苞），皮革质感（常春藤叶），锦质感（大叶秋海棠叶），羊毛质感（白发藓），蜡质感（风信子的花），丝绸质感（罂粟的花），木质感（栓皮栎树皮），丝绒质感（非洲紫罗兰的叶和花）和纸质感（酸浆果实）。还有其他类型的质感，如纤维质感和沙质感等。

花盆的质感

花盆的质感首先由制造它的特定材料决定的。由于这些材料的表面特征非常典型，大部分是为人所熟知的，所以在命名时，人们常用例如釉质感、陶质感、金属板材质感、（彩绘）漆质感等词，这样别人就能够立即明白。其次，花器的质感也受空间格局元素的影响，如浮雕、压纹的凸凹感。如果花器表面比较粗糙，可以根据其纹路特征来确定具体的质感，如锯齿纹感或波浪纹感等。如果花器表面有精细的图案，可以用其他词汇来描述，如凹槽感、颗粒感、沙质感、（树皮般的）粗朴感、棱纹感等。

花艺作用

跟一般的花材相比，盆栽植物的花艺作用比较特殊，因为它们是作为一个整体来使用的。我们要考虑的是盆栽植物整体的特质，即整株植物的花艺作用。这在植物生长型花艺设计风格中尤其重要。要想熟练地设计出理想的花艺作品，就必须对各种花材的花艺作用烂熟于心。

起点睛作用的花材，如散尾葵。
它们必须被放置在最重要的地方，通常在中央，然而

在花艺作品的所有花材中它们可能并不是最重要的。另外，它们通常是单独使用的，也可能是成对使用的。特殊情况下，如有需要，在非常大的花器中可使用3株。

起调节作用的花材，如擎天凤梨栽培种（*Guzmania Cultivar*）。

它们在作品的所有花材中不是最重要的，但也不是靠大量使用起烘托作用的，它们往往能够展示出最佳的效果。这种花材用量不能多，有时甚至是单枝使用的。

起烘托作用的花材，如雏菊。

跟前二者相比，这种花材的地位最低。在花艺作品中，它们的作用是充实空间或点缀空间，进而使作品完整起来，所以可以大量使用。

在花艺作品中，这3种花材的地位排序依次是最高、中等以及最低。除此之外，花材的花艺作用还有如下2种，但不能简单地按照上面的地位排序标准来排序，因为它们属于另一个评价体系。

起陪衬作用的花材，如绣球。

这种花材的花一般朵大、艳丽且茂盛，存在感比较强。所以它们的花艺作用跟起点睛作用的花材有些类似，但是在插摆的数量上要多一些，不能只插单枝。

所以，把它们列为起点睛作用的花材或起调节作用的花材都不合适，至于其烘托作用的花材跟它们就更没关系了，因为不能插摆太多。

起定调作用的花材，如坎布里亚兰栽培种。

与一般常见的花材相比，它们看起来并不寻常，或者说它们所散发出的气质是独一无二、无可替代的。它们在花艺作品中的地位同起点睛作用的花材也有些类似，不同之处在于它们的插摆数量很自由：可以是单枝，也可以是多枝，但无论如何都不会对它们独特的气质有丝毫的影响。它们的花艺作用同起调节作用的花材有些类似。

如上文所述，我们可以根据花材不同的花艺作用对它们进行分类。但是**这种分类并不是绝对的，**一定要根据具体情况灵活对待。花材最终究竟发挥了什么作用，具体的选择和插摆至关重要。比如上文中作为调节性花材介绍的擎天凤梨栽培种植物，如果用常春藤和灯珠花对其进行点缀，它就成了点睛花材。

盆栽的色彩设计

与花材的其他设计属性相比，色彩是最先被观察到的。没有哪种设计元素像色彩一样具有情感上的效果。因此，作为一种刺激购买者欲望的元素，色彩搭配是至关重要的。在下页的两个例子中，盆栽的色彩效果也与周围环境有关。

要想在花艺设计中熟练地确定好色彩方案，并能有意识地进行变通处理，首先要了解一些色彩方面的基础知识。至于详细的色彩理论，本书则不再进行赘述，只介绍一些重要的基础知识。

基本原理

色彩之间有哪些种类的关系？色彩的对比关系、相似关系以及不同的色彩混合后的效果是怎样的？哈拉尔德·库伯斯的**色彩理论的基本方案**会告诉你。这也是色彩设计方面重要的基础知识之一。

上图中，花材的蓝色和黄色形成了鲜明的互补色，给人一种强烈的夏日感和欢快感。即使在阴雨天气，也能让人脸上泛出阳光般灿烂的微笑，这就是好的配色方案对人情绪方面的积极影响。

下图中，单色的不同的变化和邻近色形成了非常统一又宁静的组合，从而产生一种和谐感。作品中，所有的色调都属于一个色系，触目所及，观者都会感到内心的平静。

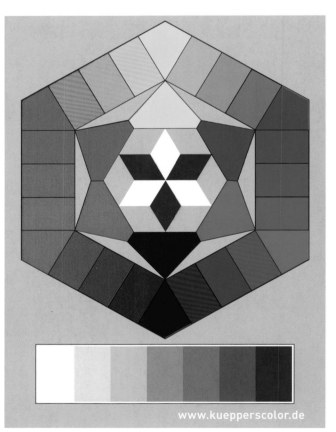

www.kueppercolor.de

哈拉尔德·库伯斯（Harald Küppers）色彩理论基本方案

中间圈：6 种基础颜色。

最外圈：各种降一级的基础颜色（临近色）的渐变混合色。

最里圈：无彩色的基础颜色，即黑色和白色。

紧临网址的是黑色和白色及处于二者之间的 5 个渐

变色。

下面是色彩协调搭配设计的 2 种基本类型，即相似色配色和对比色配色。

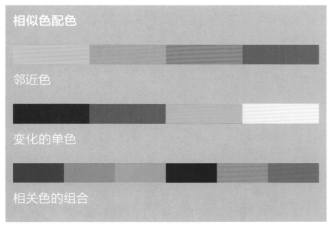

相似色配色

邻近色

变化的单色

相关色的组合

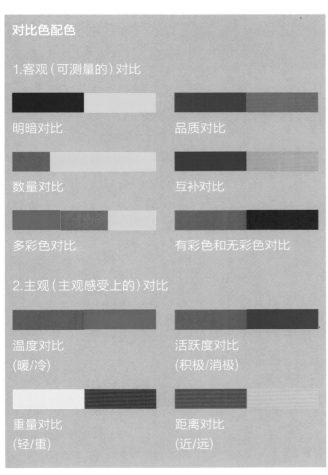

对比色配色

1.客观（可测量的）对比

明暗对比

品质对比

数量对比

互补对比

多彩色对比

有彩色和无彩色对比

2.主观（主观感受上的）对比

温度对比
(暖/冷)

活跃度对比
(积极/消极)

重量对比
(轻/重)

距离对比
(近/远)

色彩理论的应用

盆栽的配色方案必须考虑其所处的周边环境，即必须考虑环境的颜色。不言而喻，花盆和植物之间的色彩应该保持和谐。对于色调质朴的陶瓷花器来说，这一点比较容易，因为这种颜色是相当中性的，而且看起来很自然。同样地，黑色、白色和所有的灰色调看起来都是中性的，但从风格上看，仍然要根据实际情况进行选择。混凝土颜色的花盆对植物颜色的和谐选择有着更高的要求。

在绝大多数的植物中，叶子的绿色是非常重要的，这一点无法避免。然而这种颜色在所有的植物中都有着不同的细微差别，除了一些特殊的情况，如只有红色叶片或银色叶片的植物。在任何情况下，绿色通常都被认为是一种象征宁静的颜色，因此，如果不同植物的叶子的绿色区别不大的话，可以认为它们接近中性色甚至是互补色。

就盆栽而言，在选择植物进行组合的时候，离不开色彩的和谐搭配。如下面的例子：天人菊的花有黄色和红色两种颜色；三色堇显示出的 3 种颜色；许多秋海棠开花的时候也会有两种颜色；凤梨也有红色的苞片，而黄色苞片尤其醒目；朱蕉叶有红色的镶边。通过适当的组合搭配，可以用另一种花材的颜色来重复某种花材的颜色（即在花盆里种上花色接近的两种植物），这种同色系或邻近色的搭配效果往往能给人以协调的愉悦。

视觉重量

视觉重量，指的不是物体的物理重量（即质量），而是指人们在主观上感受到的重量以及从个人经验出发所理解的物体的重量。颜色、形状以及材质，都会对视觉重量产生影响。例如，具有粗糙陶瓷纹理、体积较大的深棕色塑料容器看起来很重，但实际上相对较轻。而一株高大紧凑的植物，看起来要比一棵高大而松散的植物更重，尽管实际上二者的质量可能相同。

这种视觉上的重量效果可以从设计中体现出来，对于大小和形状都相同的 2 个花盆而言，暗色、粗糙的花盆比浅色、光滑的花器更适合栽培高耸的植物。尽管二者似乎差不多，但是很明显，视觉重量对比例的和谐有很大影响，我们将在后文进行解释。

盆栽花艺的设计原则

到目前为止，我们已经了解了植物性花艺材料和非植物性花艺材料的相关花艺设计属性。如果想要把它们和谐地统一起来组成花艺作品，还必须了解将设计元素和设计材料结合起来时必须遵循的设计原则，如设计盆栽和要素组合中必须考虑的原则。对称性、群组、排列、比例、设计类型、植物的象征意义等都是盆栽花艺设计中需要考虑并且不可缺少的要素。

比例

比例在盆栽花艺设计中包括很多方面，应该考虑以下几点：

■ 所用植物的大小比例。

■ 盆栽个体之间或盆栽群组之间的比例关系。

■ 花盆的高度与宽度或直径之间的比例关系。

■ 花盆的大小与盆栽植物之间的比例关系。

比例的种类

基本上有这两种可能：

等比例 即 1∶1 的大小比例关系。这样的比例能够产生对称效果。

不等比例 要求组成元素的大小不能相同，这也是不对称效果的形成条件。这种比例下经常会用到黄金比例（也称黄金分割、黄金分割律、黄金分割率）这一数学概念。

黄金比例 将两种尺寸或两种元素关联起来，使得较小部分与较大部分之间的比率，等于较大部分与总体之间的比率。其数字或方程序列可表示为 $2∶3 \approx 3∶5 \approx 5∶8 \approx 8∶13$，并可依次往后推导。基本比例为 $1∶1.6$。由于这个比例从自然界中发现的，因此非常自然，并且非常适合盆栽花艺。

当然，在自然界中并不是所有的大小比例关系都完全符合黄金比例，植物的生长形状和尺寸各有特色且常常偏离这个比例，所以在盆栽花艺设计中同样也要尊重并利用植物的这种自然比例。但是，最终还是要达到平衡的效果。我们之前已经介绍过的视觉重量在这里非常重要，这一概念的使用会在下一页中举例说明。

这两个花器虽然在大小和比例方面都是相同的，但是却采取了不同的盆栽花艺设计形式。位于下方的盆栽明显选择了一种反比例的设计方式，因为与花盆（花器）相比，植物的高度明显不同，植物在整个盆栽中所占的部分比较少。而台阶上面的盆栽则采取了一种近乎失重的比例，整株植物的高度几乎是花盆的3倍。尽管如此，却并不显得头重脚轻，反而产生了比较和谐的比例效果。因为黑色的花盆的视觉重量比较大，给高大植物展现比较松散的生长姿态提供了足够的平衡性支持。

对称性

在一般的花艺设计中，有两种不同的对称类型，它们同样也适用于盆栽花艺设计。

对称

对称也叫严格的秩序，意味着至少有 2 个单独的元素在比例上完全相等，并且中间部分（指对称轴之类）特别重要。相应地，盆栽花艺中的对称指植物的分布呈轴对称、平面对称或点对称。为了实现对称效果，盆栽植物有很多种分布方式：

■ **轴对称**，即以对称轴为中心的对称形式。可用于阳台种植箱。

上图中，种植箱中的植物和窗户呈典型的轴对称形式，这就是一种以对称为设计思路的的建筑外立面盆栽装饰。

■ **十字对称**，即由两条垂直的对称轴构成的对称形式。可用于正方形花盆（花器）。

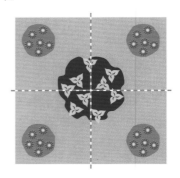

■ **放射对称**，即有两条以上对称轴的对称形式，可用于圆形的花篮。

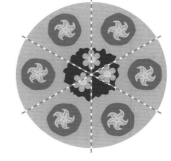

■ **旋转对称**，即以某个固定点旋转一定的角度后，每个部分都相同的对称形式。可用于圆形花盆。

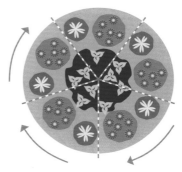

■ **平移对称**，即沿着一条线平移一定距离后，形成的所有部分都相同的对称形式。可以用于阳台上的种植箱。

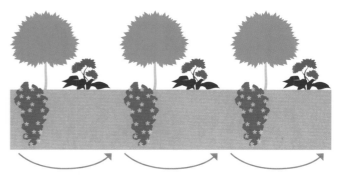

不对称

不对称或自由分布的形式意味着，植物组合的分布密度是不均匀的。之前已经解释过，黄金比例是不对称分布时最常采用的形式。但是在现代设计中，也有自由比例的不对称形式。此外，特别是在盆栽花艺中，设置比例时要考虑植物的自然生长变化因素。但黄金比例可以作为指导方针使用，如可根据植物个体或植物组合来进行分布，如下图所示，从俯视图上可以明显看出应如何运用黄金比例。同时，植物个体之间的大小和高度比例，都要一一对应。

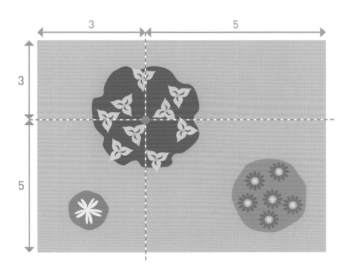

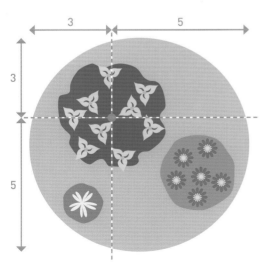

排列及群组

排列

排列即行列元素的排布，在这里指植物之间的线性排列方式。主要有以下几种排行方法：

个体重复排列，指相同的元素以相等的间隔连接在一起。元素至少需要重复 3 次。

组合重复排列，指由 2 种或者 2 种以上的不同元素按照相同的秩序组成完全相同的组合，这些组合以相等的间隔连接在一起。组合至少要重复 3 次。

渐变排列，指元素按逐渐变大或逐渐变小的顺序排列。这些元素可以是某类花材、辅材，也可以是间隔距离、色彩的变化等。这些元素的中心可以在正中间，也可以稍微偏离一点。至少需要 3 个元素才能形成渐变排列。

无序排列（随机排列），指许多不同的元素随机排列在一起，毫无规律性，彼此之间只是以线形顺序连接着。虽然在这里也可以使用重复的元素，但它们之间的排列秩序不能有明显的规律性。至少需要 3 个（组）不同的元素才能创造出令人印象深刻的无序排列设计。

排列设计经常用于细长的花盆（花器）中，尤其是阳台的种植箱。而左图中的示例表明，在圆形的花盆中也可以使用排列设计。

群组

如果花盆里的种植空间足够充裕，我们可以按照一定的标准将植物分成若干个群组，即将植物分类成几个不同元素属性的单元。特别是在下面将介绍的盆栽花艺设计中，这种群组的设计方法是不可或缺的。也可以将几个花盆组合放在一起以增强其效果，还可以用这种方式来设计房间、阳台或广场。而只有充分了解群组构造的标准之后，我们才能有意识地进行设计。

群组的形成

群组由多个部分组成，各部分的组合遵照着一定的标准。群组的形成，或者说各个部分组成一个整体的过程，主要遵循下列标准：

- 各单独部分具有的特点越明显，群组的特点就会越鲜明，即群组的效果越明显，例如用同种植物组成群组。

- 要想形成群组，各组成部分之间的距离要尽可能近。不同的植物也可以形成一个群组，但要尊重各种植物的生长习性，为它们预留好继续生长的空间。

- 要想使群组的设计效果明显，至少要有 3 个不同的组成部分。如果只有两个组成部分，虽然可以勉强称为群组，但它是不完整的。3 个部分才能形成一个完整的平面或立体空间，才能使群组内不同部分的排列效果明显。

主要的群组形式主要有：对称型，由主组和亚组构成；不对称型，由核心组、对比组和陪衬组构成。前文的"对称性"部分中，我们介绍过类似的内容，也可以参考《花艺设计基础》一书第 82~97 页"插花和对称性"部分的内容。

群组内的排序

在花艺设计中，排序一般指在作品上插入不同高度的花材，花材之间最好近一些。所以在每一个群组中，

两组石莲花种植在方形的花器中。

也可以将植物按照高度进行排序分布。上图示例就是在群组中将不同的单个元素按照高度排序分布。

排序的方向可以从后面开始，也可以从侧面或下面开始，这意味着植物分布的排序方向几乎是任意的，但通常是按照高度来排列分布的。特别是在植物分布比较松散、空间留白较大的盆栽中，空间深度十分重要。而这种方法同样适用于盆栽植物之间的横向排列。所以从根本上讲，只要对盆栽平面上的植物或群组多加考虑，就可以在任意方向进行排序分布，以任意方式创造性地设计盆栽的空间。

总的来说，我们必须要注意：在排序分布植物时，植物的高度不能刻意地从前到后不断上升，因为这样很不自然，充满了人为的呆板。尤其是那种各个方向（4个面）都进行展示的盆栽，更是要注意这一点。按高度排序时，符合设计要求的做法是，最高的植物不能集中种植在某一边，否则，盆栽就没有吸引力了。

必须从各个方向看过去都能达到设计的目的。另外，特别是在植物生长型花艺设计中，中心部位必须要

低，也就是说大型植物之间要留出空白。

设计类型

花艺的设计类型主要指不同的设计方式，包括作品完成后的呈现效果。明白植物性花材和其他类型花材的特性和设计法则，可以帮助我们设计出类型风格明显的作品。我们将设计类型主要分为以下 3 大类，即装饰型设计、线条型设计和植物生长型设计，详细信息可参考《花艺设计基础》一书第 24~49 页"插花和设计类型"。

装饰型设计

这种设计主要是为了呈现出装饰的整体效果，其设计标准主要有以下几点：

■ 造型对称。

■ 有相对紧密、封闭的总体轮廓。

■ 所有用到的花材必须服务于整体效果，尽管这在很大程度上会削弱具体花材的个性表达。

■ 可以改变花材本身的自然外观，如剪切加工。

■ 在花材的数量或种类上要丰富。

■ 可以使用非天然的花材或辅材。

■ 任何形状的花器都可以，通常使用大腹的花器。

装饰性的盆栽非常常见，有种在盆盆罐罐里的小盆栽，有种在桶形大花盆里的盆栽，有种在篮筐状的悬吊型盆栽，还有种在阳台上种植箱里的盆栽，它们通常都呈现出茂盛、华丽的效果。这种盆栽植物一般挨得很近，通常不太可能多年使用，所以种植的多是季节性的植物。

线条型设计

这种设计以线性的形式及展现植物的生长运动（姿态）见长，其设计标准主要有以下几点：

■ 大多适用于不对称造型，对称造型亦可。

■ 可选的材料比较有限。

■ 要有相对较大的留白空间。

■ 通过形式对比产生效果。

■ 在形式上比较类似。

■ 能够突出植物性花材本身的特色。

■ 可以改变植物性花材的自然外观。

■ 可以使用非天然的花材或辅材。

■ 花器作为设计元素之一，作用重要。

真正的线条型设计是很难找到的，因为只有少数植物性花材是线性的。在进行线条型设计时，可能会意外地形成植物生长型设计（这将在下文进行介绍）。而通过适当的裁剪，能够让一些植物呈现出线性的形式，如许多仙人掌和多肉植物具有适合线性设计的天然形式，通过一定的技术手段就能改造出线性的设计形式。这类植物我们将在 **1·4 部分以及 2·6 部分进行介绍**。

植物生长型设计

这种设计能够产生一种非常自然的效果，其设计标准主要有以下几点：

■ 造型要不对称。

■ 注重利用植物的自然生长和姿态。

■ 要为植物的后期生长提供充足的空间。

■ 不使用偏离自然生长形式的植物。

■ 注重植物群落学，即植物的在自然界中的组合生长形式。

- 在进行植物组合的时候，要考虑到植物的叶片、花朵以及果实的季节性。

- 注重利用植物的花艺作用。

- 基底（见本页下文）设计要参照植物自然生长环境，做出类似野生的效果。

- 使用的花盆尽可能是天然的，且要偏平。

注重植物群落学。要求我们要能够想象而不是精准、刻板地模仿植物在自然界中的生长情况。因此，热带雨林风格的盆栽中可能同时出现来自南美和南亚地区的热带植物；对于半沙漠风格的盆栽，可以组合使用来自非洲的多肉植物和美国的仙人掌。但是，如果我们想创建一个具体的大陆或国家主题风格的盆栽，例如非洲的纳米比亚风格、亚洲的马来西亚风格、美国风格或巴西风格，就必须要反复斟酌，使盆栽植物与当地的地理环境相适应。

盆栽基底设计。基底即花盆中基质（即土壤等对植物提供支撑和营养作用的材料）形成的表面，因为它处于植物的底部，故称基底。基底设计的目的在于通过模拟植物的野外生长环境，使盆栽整体更加自然。盆栽基底设计有许多方式，可以调制盆栽基质，可以加入相应的材料。石块、沙子、干树根／树枝、干叶片等是植物生长型设计中经常使用的设计元素。

在盆栽基底设计中经常使用的植物性材料。

在植物生长型盆栽花艺中，虽然天然类基底设计材料是必不可少的，但对碗状花盆来说是个例外：它们经常被放弃。

上图为花器与植物呈反比例的植物生长型风格的盆栽。虽然没有科学地满足植物的生长条件，但这款盆栽仍然使人感到愉悦，其植被区域内散布着石块和一些干枯的植物部分。它展示的是荒原－沼泽地区或平坦的喀斯特丘陵地区的风貌，也可以使人联想到苔原植被丰富的地区或北欧的岩石高原。

而在线条型盆栽花艺的基底设计中，基底设计常用的是散布的彩色颗粒材料（如彩砂）、圆滑的卵石等线性元素，因为这时自然性并不是我们的首要关注点。不言而喻，植物生长型设计非常适合碗状花盆，反之亦然：碗状花盆最适合植物生长型花艺设计。甚至，一些装饰型盆栽作品会额外地产生植物生长型效果。

盆栽花艺的一些特殊元素

通过前文，我们知道了所有重要的花艺材料的设计特点、盆栽花艺的设计元素以及原则。最后，我们还要注意与盆栽花艺设计息息相关的一些特殊因素。

环境因素

每种花材都应该与它要装饰的周围环境直接相关。但是也存在一些例外，如胸花、新娘花束和一些葬礼装饰品（如骨灰盒花饰）。而从材料维护的角度来看，也要考虑到盆栽与放置地点、空间的关系，因为跟一般的花艺作品比起来它们的放置时间要更久。另外，盆栽可以直接作为居家装饰来进行设计，无论是作为阳台、露台的装饰，还是在室内作为楼梯或起居室的装饰元素，都会使人感到愉悦放松。

在设计时，需要考虑的环境以及空间标准主要有以下几个：

- 确定空间及装饰目的。

- 建筑风格。

- 装修样式与风格。

- 现有的材料。

- 环境颜色。

- 空间内的具体要素。

产生的相应效果和关系是多方面的，下面将通过一些例子具体说明：

- 在开放的公共空间，如人行道和入口附近，盆栽的大小不应该给人造成干扰，它们必须稳定并且易于养护。在私人的起居室里，盆栽反而要成为一种中心元素，才能提醒人们小心行走。

- 在现代设计风格的精致房间里，可以使用一个较小

的立方体形状的花盆搭配单枝的植物；而在古典的教堂内，设计圣坛盆栽可以将植物装饰在的双耳瓶中。

- 承载植物的花盆必须与房间的颜色、风格和材料相匹配。甚至花盆的材料要能更加突出房间内的建筑或装修风格。

- 植物以及花盆的颜色必须要和周围环境的颜色产生和谐的效果。要么使用统一的颜色，要么使用对比色。在考虑建筑颜色的同时，也要考虑装修的颜色。

- 一些具体的空间元素，如窗户、大门区域、咨询角、停车区等都要考虑到。尤其要考虑其范围和形式，从而选择适合的植物装饰。

图中是很有代表性的双盆栽装饰，可以用于办公室、诊所或者银行的大门入口区域。可放在通道的一边，它们不会影响行人的正常走动。

场合、象征意义及主题

在许多场合，盆栽都具有一定的象征意义，并且经常伴随着既定的设计主题。通常情况下，季节性活动或者具体的节庆活动时都会有相适应的盆栽设计。在不同情况下，选择合适的花材以及装饰物都非常重要，如春季的复活节盆栽中，仿鸟巢以及彩蛋的设计元素就非常具有象征意义。另外，黄水仙、勿忘我、向日葵、一品红、圣诞玫瑰和幸运三叶草等也具有同样的作用。

为复活节而设计的鸟巢盆栽可以放在家中玄关的任何地方。

盆栽植物根据其季节、节日以及场合都有确定的主题。至于其他类型的主题，我们可以从之前介绍过的植物群落学相关内容派生出来，如岩石花园、乡村花园以及香草花园等园艺主题。甚至植物的种类以及群组都能有一定的主题，蕨类盆栽、玫瑰盆栽以及凤梨盆栽等就是很好的例子。本书中所展示的许多盆栽示例都有各自适用的场合、象征意义及设计主题。

非栽培植物元素的设计

之前，我们都是围绕着栽培植物来设计的，其实还有其他方面的元素也需要精心设计，如花盆设计和辅材的使用。之前我们用的花盆基本上都是成品，其形态不能随意改变，但实际上可以自己动手改变其外观。关于辅材的使用，之前我们已经介绍过几次。

花盆设计

通过包裹、编织、染色和黏合技术，可以创造性地改变花盆的外观，并能以特殊的方式适应植物的种植，从而使花盆与花盆添加物实现创造性统一。在植物生长型设计中，对花盆进行这样的改造效果是非常显著的，这样我们就可以加强盆栽的装饰性或赋予花盆以适当的植物外观。当然，用来改变花盆的材料必须要合适，所使用的技术必须与盆栽和以及周围环境适应。这种设计的可能性非常多样，我们将通过下面的图片示例来说明。

我们可以用一些秋季的植物来进行设计，从而形成花器与植物之间的完美过渡。可以选一个易降解的纸质碗状容器，套在一个网眼稀疏、交织着细藤的金属丝篮上，这样就完成了花盆设计。

〔1〕在露出纸花盆的部分，用苔藓进行填充。

〔2〕完成植物种植后，用细枝及细藤在花盆与植物之间进行连接装饰。

【3】最终包括花盆在内的整个盆栽造型如同自然生长一般。

辅材添加设计

作为一种设计材料，辅材在之前已经被我们提及很多次，特别是在涉及场合和象征意义的时候。人们总是会通过辅材给人以联想，如篮型盆栽手柄上的缎带、复活节盆栽里的彩蛋、带着圣诞玫瑰图案的圣诞节彩球等。然而，也有一些植物可以用来作为辅材。最重要的是，在辅材设计上，无论是颜色搭配、姿态或质感的协调上都要令人愉悦。如下图中的辅材，虽然部分属于植物，但不完全是植物，就符合这样的标准。

上图的吊桶形盆栽作品，原本呈对称装饰效果、结构紧凑，加入倒插的树枝以及装饰在上面的毛线后便产生了不对称的效果。

这样，基本设计的严谨性被一种颠覆传统的方式被打破，但没有显得不协调。这一方面是由于设计的对称部分的视觉重量比较重，另一方面是由于辅材添加效果的和谐。在颜色方面，棕色的花盆和树皮，甚至树枝上的羊毛线圈，都与植物的颜色很搭调，虽然它们在质地上存在着微妙的差异，但或多或少都存在相似之处。

上图中，不同大小的球形灌丛植物分布在近似半球形的花盆中。由此确定了辅材设计主题——球，于是加入了许多球形的元素。这些元素作为盆栽的装饰物，有着和灌丛植物相协调的质感，同时也注意了和花盆颜色的搭配。虽然它们没有对称分布，但在摆放时因为疏密有致，结果也产生了平衡的效果。为了使盆栽看上去不那么笨重，还使用了一些细藤，将它们盘成轻盈的螺旋状，固定在植物周围。

左页图：
前：多裂鹅河菊、香水草、紫甘薯、
"金凤花姑娘"金钱草(*Lysimachia nummularia* 'Goldilocks')、
矮牵牛栽培种、马鞭草栽培种
花盆、排水材料、园艺无纺布、盆栽土

 30 min
2

1

露天

室外盆栽

1·1 位置
放在哪

放置在室外的栽培植物必须要能应对各种天气条件，也需要得到适当的照顾。在盆栽花艺设计方面，放置场所周边环境的类型、功能和风格往往起着决定性的作用。

天气方面

阳光、风和雨是影响室外盆栽植物选择的最关键因素，此外还包括季节性因素，这在下一节会有详细的介绍。

风

因为植物要暴露在风中，所以要求承载植物的花盆的稳定性要高，而且植物的类型也要选择得当。此外，风会加快植物的蒸腾作用，使植物很快干燥，所以必须多浇水。球根秋海棠、荷包花和矮牵牛等都是对风很敏感的植物。

雨

一般来说室外植物都能承受雨水的冲击，但暴雨的冲击造成的损害基本上是无法挽救的，此时就要采取适当的保护措施，如提前加以遮盖等。花盆上必须有排水孔，排水孔的排水能力要合适。浇注边缘很重要，它能保证基质尽可能不被雨水冲走。

阳光

如前文所述，户外的位置根据光照情况可分为3种：阴影区、半阴区、明亮区，详情请参阅本书第26页。

环境方面

起决定性作用的，是放置场所周围环境的功能和设计情况。

环境的功能情况

在阳台、露台、走廊、公共场所、墓地等不同场所摆放植物的功能是不同的，且植物生长的环境需求也是不同的。举例来说，对于公共场所来说，植物的完整性、稳定性、易养护和成一定规模是非常重要的；对于放置在庭院桌子上的植物，则应选择精致且相对容易打理的；放于墓前的植物要符合墓地设计，且不需要经常照料也能正常生长。

环境的设计情况

可供选择的环境设计风格有古典型、现代型、实用型、浪漫型、传统型或前卫型等，这就决定了盆栽花艺的设计类型也是多种多样的。同样，花盆、植物和颜色的选择也取决于此。至于盆栽花艺的设计风格应该与环境的设计风格相似还是对立，要根据实际情况（尤其是设计意图）来灵活定夺，没有对错之分：风格相似，会使盆栽与环境融为一体，更加和谐；风格相对，则可以通过增强对比性来达到盆栽与环境的和谐统一。

1·1 检测题

[1] 简要说明栽种植物的步骤。

[2] 室外盆栽植物所用的花盆必须具备哪些特性？

[3] 水对植物有什么作用？

[4] 简述植物吸水和排水的过程。

[5] 简述蚜虫对植物的危害。

[6] 说出3种适合在夏季放置在室外的一年生植物。

[7] 请列举至少5种块根或块茎植物。

（答案参见第170页）

房屋入口处的装饰物由两个大小不同的盆栽组成，花盆外表面的（石头）纹路与庭院中的铺石路面、房屋墙壁纹路风格相似。这两个花盆之间的高度比例是 1：2。各个花盆与它所承载植物高度的比例是相等的。另外，花盆底部并不是完全紧贴着铺石路面的，从图片中可以很清楚地看到花盆与地面的缝隙。这样一来，多余雨水很快就可以从花盆中排出，有效地避免了涝渍灾害。

"蓝海"风铃草、塔形风铃草
(Campanula pyramidalis)、
"薄荷卷"苔草 (Carex comans
'Mint Curls')、翠雀栽培种、通奶草、
灯心草、中国芒、狼尾草
混凝土石花盆、排水材料、园艺无纺布、
盆栽土

⧖ 每个
20 min

2

25 min

2

共需
40 min

3

上图：
天竺葵栽培种、覆盖着苔藓的树枝
合成树脂花盆、金属丝球、盆栽土

右页图：
右：花园菊、欧洲卫矛、矾根栽培种、
金钱掌、日本茵芋、白雪果
左后：帛石楠、绣球
左前：帛石楠、春花欧石楠、
矾根栽培种、丽果木、八宝景天
粗陶花盆、排水材料、园艺无纺布、
盆栽土

上图中，装饰在房屋入口前面台阶上的盆栽植物，选用的主要是夏季开花的、来自南非的天竺葵。右页的图片展示的是3个厚壁的、视觉重量较大的花盆，盆中满满的秋季植物热情地欢迎着客人的到来。右页图这组盆栽，在色彩上通过使用粉色和红色的邻近色（包括花盆的红棕色）设计，令人印象深刻。

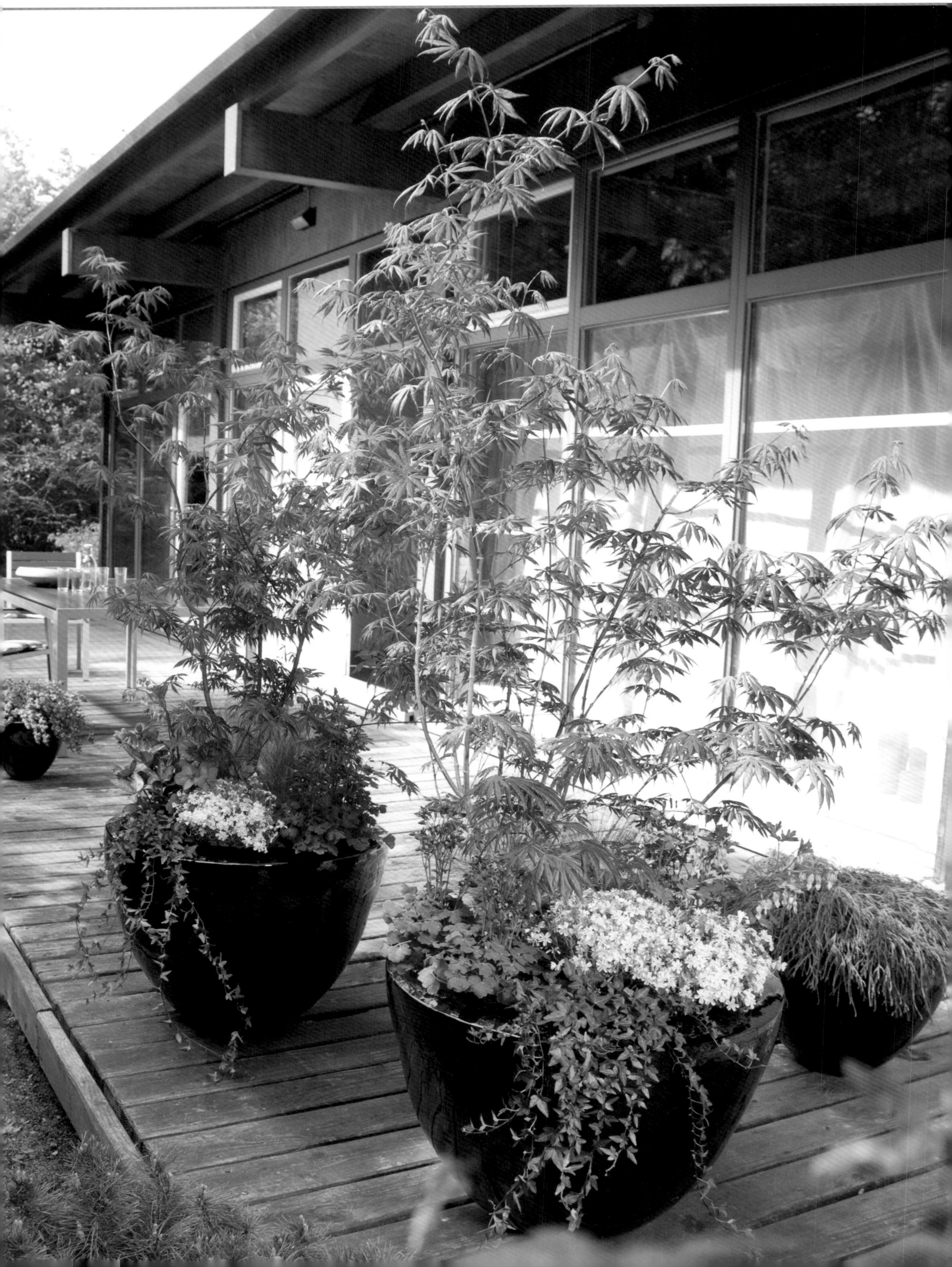

左图：
"樱桃之星"小花矮牵牛
（*Calibrachoa* 'Cherry Star'）、
康乃馨、"浅绿甜心"牵牛花
（*Ipomoea* 'Sweet Heart Light Green'）、五星花
混凝土花盆、排水材料、园艺无纺布、盆栽土

⧗ 20 min

□ 2

下图：
左：秋海棠栽培种、凤仙花栽培种、矾根
右："余烬"秋海棠（*Begonia* 'Glowing Embers'）
塑料花盆、排水材料、园艺无纺布、盆栽土

⧗ 共需 30 min

□ 1

左页图：
前：鸡爪槭、变色楼斗菜、苔草（*Carex comans*）、荷包牡丹、洋常春藤、针叶天蓝绣球
陶花盆、排水材料、园艺无纺布、盆栽土

⧗ 30 min

□ 3

盆栽花艺之妙，在于画龙点睛，所以其大小要合适。如左页图所示，即使露台的面积很大，也不用强制性地增加盆栽的数量，两三个就可以产生很好的观赏效果。左页图中两个大花盆中栽种的植物几乎相同，但本页右下图中两个花盆内栽种的植物则是不同的，且植物花朵的色彩也是具有一定对比效果的橙红色和品红色，色泽较暗的叶子起到了缓和色彩的效果。

带花盆
制作
100 min

3

月桂、狭叶薰衣草、罗勒、墨角兰、
鼠尾草、绿叶绵杉菊（Santolina
viridis）、百里香、干树枝
绑扎线、木条、木板、沙子、油漆、
浆糊、木材胶、螺丝、金属箔、盆栽土

在室外的餐桌上摆放一些盆栽植物，受到了越来越多人的欢迎。
对于餐桌上的盆栽，可以将其设计成右页上图中花篮盆栽，它
具有不错的装饰型设计效果；可以将植物栽种在如右页下图一
样的长方形花盆中，以展现植物自然生长的魅力（植物生长型
设计风格）。在本页上图的示例中，餐桌上具有植物生长型设
计风格的盆栽兼具食材功能：在举行节日聚餐时，客人甚至可
以直接从装饰在餐桌上的盆栽中摘取和品尝可食用的香草。

左图：
帚石楠、丽果木、鳞叶菊、
粗壮景天（*Sedum cauticola*）、
大花三色堇
用漂白的树枝和金属丝制成的花篮、
盆栽土

下图：
棕榈叶苔草（*Carex muskingumensis*）、
大花金鸡菊、草莓、头花蓼、干草
长方形花盆、盆栽土

15 min

1

上图：
秋海棠栽培种、香水草、甘薯、
龙面花栽培种、烟草、非洲万寿菊、
马鞭草栽培种
窗台花盆、盆栽土

15 min

1

右图：
多裂鹅河菊、小花矮牵牛栽培种、
天竺葵栽培种、太阳扇、马鞭草栽培种
窗台花盆、盆栽土

阳台一直是盆栽植物摆放的最重要区域之一，可以将其固定在阳台的栏杆上、摆放在桌子上或者直接放置地上。阳台盆栽花艺历史悠久，在全世界的分布范围很广，以花盆为例，与不同形状的阳台栏杆搭配的各种花盆都有，在阳台栏杆上的固定技术更是多种多样。左右两页示例所展示的，是盆栽植物的颜色变化和季节变化的多种可能性搭配方案。

"娜娜"朝雾草（*Artemisia schmidtiana* 'Nana'）、"加拉加斯"鸡冠花（*Celosia venezuela* 'Caracas'）、仙客来、鳞叶菊、兰星铺地柏、紫叶鼠尾草、柠檬百里香、苔藓
锌花盆、亚克力珠、装饰金属丝、玻璃球、盆栽土

每个 25 min

2

带花盆
制作
80 min

2

雏菊、荷兰番红花、风信子、多花水仙、
伞花虎眼万年青、郁金香栽培种、
干草、猫柳
螺丝、木材胶、油漆、塑料膜、盆栽土

如果外窗台足够宽且足够长，那么就适合用种植箱来做盆栽花艺设计。早春时节，摆放在外窗台的植物既得到了一定的保护，又受益于房屋散发出的热量，会早早开出花朵，起到很好的装饰效果。右页图片中展示出的是夏日的盆栽装饰。右页下图中，盆栽植物是放置在窗户下方的金属框中的，这种金属框尤其适合放置室外盆栽。

左图：
洋常春藤、风信子、狭叶熏衣草、
葡萄风信子、花毛茛、银香菊、百里香、
角堇
窗台花盆、盆栽土

 15 min
2

下图：
矾根栽培种、甘薯、勿忘我、
非洲万寿菊、金钱掌、
"蓝色雨"假马齿苋（*Sutera* 'Blue
Showers'）
窗台花盆、盆栽土

15 min
1

每个
40 min

3

上图：
帚石楠、花园菊、冬石楠（*Erica x hiemalis*）、鳞叶菊、矾根、紫花景天、银叶菊、角堇、大花三色堇、唐棣树枝（岩梨树枝）
陶瓷花盆、排水材料、园艺无纺布、桶装盆栽土

每个
30 min

3

右图：
冬石楠（*Erica x hiemalis*）、蓝羊茅、矾根、欧洲山松（*Pinus mugo subsp. pumilio*）、欧洲黑松、紫花景天、银叶菊、大花三色堇
磨砂的陶花盆、排水材料、园艺无纺布、桶装盆栽土

向公众开放且人们能进来随便走动或停留的露台、广场和公园，需要大容量且很沉重的花盆，这样便能方便地容纳进来各种植物，也便于养护。花盆必须保证有足够的稳定性。此外，可以用配有灌溉水箱的卡车来浇水，以降低成本。在设计方面，此处的花盆选用的是与周围建筑颜色相近的的灰色和沙色。

匍匐筋骨草、荷兰菊、羽衣甘蓝、紫珠、帚石楠、冬石楠（*Erica x hiemalis*）、蓝羊茅、丽果木、新西兰赫柏（*Hebe speciosa*）、白叶腊菊、鳞叶菊、银叶菊，雪果，角堇、大花三色堇
陶花盆、桶装盆栽土

共需
75 min

3

每个
30 min

3

上图：
花园菊、春花欧石楠、矾根、中国芒、
"烟火"刺毛狼尾草（Pennisetum
'Fireworks'）、日本茵芋、粉花绣线菊、
角堇、大花三色堇、干树枝
天然页岩花盆、排水材料、
园艺无纺布、桶装盆栽土

共需
75 min

3

右页图：
矾根、中国芒、狼尾草栽培种、
金红茵芋（Skimmia japonica
'Rubella'）、角堇、大花三色堇、
山茱萸枝
石花盆、排水材料、园艺无纺布、
桶装盆栽土

上图中的立方体花盆外表面呈现出浓郁的石质感，盆栽整体便具有了植物生长型设计风格。同时，各种繁茂植物的放射状线条形成了相对封闭的整体轮廓，作品整体也具有浓郁的装饰性设计风格。在右页示例的盆栽组合中，挺立向上的中国芒和山茱萸枝几乎平行，开花植物的花茎也呈现出平行的效果，作品整体为典型的线条型设计风格。此外，花盆上的釉色与褪色的木质长椅的棕褐色是相似的。

25 min ⧗
2

右图：
仙客来、春花欧石楠、天山蜡菊、
覆盖着地衣的细枝
塑料花盆、装饰品、丝带、鹅卵石、
挂钩、排水材料、园艺无纺布、盆栽土

30 min ⧗
2

下图：
雏菊、洋常春藤、风信子、勿忘我、
报春花栽培种、花毛茛、
郁金香栽培种、角堇、苔藓
细线套环、再生纸板托盘、
葬礼装饰品、挂钩、盆栽土

就丧礼盆栽花艺设计而言，一方面，所选的开花植物要能给人带来安抚效果，左右页示例中的是春季和夏季开花的盆栽；另一方面，要仔细观察坟墓周边环境，这里一般会有树木等种植物，盆栽植物的选择最好与此相呼应，同理，花盆也要与环境协调。一般来说，与坟墓周边环境相协调的设计方法多见于缅怀死者的纪念日仪式上，而对埋葬仪式来说就不适用了：因为设计者不方便揣度主家对其他（已存在的）坟墓设计的褒贬。

金鱼草、金币雏菊、金叶苔草、
大丽花栽培种、黄金钱草、辣薄荷、
万寿菊、木块
塑料花盆、绑扎线、
扣针（Steckdraht）、盆栽土

30 min

2

20 min

1

洋常春藤、报春花栽培种、
螺旋形的柳枝、苔藓、树皮
回收纸板植物花环、挂钩、热熔胶、
盆栽土

（栽种在花盆中的）葬礼花环，是盆栽葬礼花艺设计的一种特殊形式。这种设计中，盛放葬礼花环的花盆通常呈花环底座样式，可以用柳条编织而成，也可以用可循环利用的纸板制成的。右页下图展示的葬礼花环是在一个盘子里进行的，借助热熔胶将页岩碎片粘在一个环形的干花泥上，将植物栽培区域与盘子中心部位分隔开来。

左图：
帚石楠、葡萄叶铁线莲、仙客来、
鳞叶菊、腋花干叶兰、卷须、漂白纤维
回收纸板植物花环、装饰线、盆栽土

⧖ 25 min
□2

下图：
月影、粉彩莲、美丽莲、
景天叉丝壳（*Sedum ewersii*）、白霜
塑料花盆、板岩片、
带塑料底座的环形干花花泥、热熔胶、
盆栽土

⧖ 100 min
□3

1·2 季节和场合
一整年的安排

室外栽培的植物大都有着典型的季节性色彩，更多的植物信息，可参阅本书第162页上的相关植物名录。如果想要更突出地体现盆栽花艺设计的季节感，不妨添加一些季节感十足的装饰物，比如：复活节时添加一些彩蛋装饰，圣诞节时选用一些圣诞彩球和用金属丝悬吊好的松塔等。有时也会添加一些与场合无关但颇具季节感的装饰品，如色彩匹配的春夏季丝带或秋季的仿真水果等。所有的装饰物必须粘接牢固，不能影响到花盆内的植物。

从技术角度来看，每个季节都有其特定的气候特色，而这也是盆栽花艺设计选择植物时必须时刻注意的问题。（下文介绍的是德国不同季节的气候特点，与我国有很大不同，而且我国地域广阔，地区间亦有差异。编者注）

- **春季时，**室外的盆栽植物要面临夜晚的霜冻、大雨，甚至是暴风雨。如果所选择的室外植物无法承受这样的天气条件，就必须暂时搬到能遮风避雨的地方。

- **夏季时，**天气非常炎热且长时间干燥。此时，对室外植物进行适当地遮阳和大量浇水有助于植物的生长。放置在室外的植物要借助人们的辅助养护才能坚持到夏季的雨季。

- **秋季时，**仍然会有强暴雨和大风天气，需要对植物采取一定的保护措施。

- **冬季时，**首先要注意的是花盆的耐冻性，它要能保护植物不会被霜冻影响。针叶树和常绿的树通常不需要考虑耐冻与否，因为只有在霜冻时节，这些植物才能充分展现它们的装饰功能，如被雪覆盖的石南。其他植物则需要配备覆盖物以防雪，或者将其转移到有防护措施的地方。比起在田野中自然生长的植物，栽种在花盆里的植物根部更容易遭受霜冻威胁。即使是耐寒的植物，将其栽种在花盆中后，也容易遭受冻害。

有时，正如下图所示，可随季节变化，对室外的盆栽植物进行相应处理。这种处理并不需要改天换地，把有些枯萎的植物或一年生的植物移除掉即可。

随季节的变化，可将栽种在花盆内的"雪球"荚蒾取出，换盆单独栽培。

1·2 检测题

[1] 关于制作室外盆栽工作桌，您在技术、健康方面和经济方面有哪些考虑？

[2] 简述在室外栽培花盆上设置一个排水孔的理由，并列举出防止排水孔堵塞的措施。

[3] 观察植物时，能看到植物的花朵或花序存在着色彩的相似和对比。请各举一个对互补对比、有彩色和无彩色对比、变化的单色、邻近色、品质对比和明暗对比的配色情况的例子。

[4] 列举10种可在夏季栽种在室外的植物。

[5] 列举5种可在秋季栽种在室外的植物。

[6] 列举3种在冬天具有很高装饰价值的室外植物。

[7] 列举3种用于室外栽培的地被植物。

（答案参见第170~171页）

图中示例为植物生长型设计风格，反映了由冬到春过渡的季节主题。虽然花盆外表面是用不很常见的椰子纤维垫包覆的，但仍然起到了泥土般的质朴效果。枝条间的秋叶，能够让人联想到早春的森林或花园地面。从光秃秃的山毛榉枝间开出的新鲜娇嫩的春花，预示着新一轮的生长期的开始。

葡萄风信子、水仙栽培种、伊朗绵枣儿、郁金香栽培种、秋叶、干草、椰壳纤维、山毛榉树枝
木制碗状花盆、热熔胶、石头、排水材料、园艺无纺布、盆栽土

带花盆
设计共
120 min

3

带花盆
设计共
40 min

1

雏菊、硬叶大戟、风信子、水仙栽培种、
报春花栽培种、花毛茛、地被婆婆纳、
角堇
塑料花盆、排水材料、园艺无纺布、
盆栽土

此处展示的几款室外盆栽作品充满了浓浓的春天气息。在上面的示例中，我们可以看到不对称造型中分布的多种色彩，它们的可识别度都很高；右页图的两个示例均为对称造型，使用了三四种色彩。右页上图是红黄相间的郁金香花和绿色的叶子，花盆外沿选用的装饰枝材颜色与之相似；右页下图中植物的色彩为蓝色、白色和绿色，花盆外沿围绕着被涂呈紫罗兰色的枝材。

左图：
"才能"郁金香（*Tulipa* 'Flair'）、
苔藓、染色的芦苇杆、山茱萸树枝
涂漆的黏土花盆、藤条、排水材料、
园艺无纺布、盆栽土

⧗ 30 min

☐ 1

下图：
风信子、报春花栽培种、角堇、苔藓
涂漆的黏土花盆、涂蜡的枝条、装饰线、
排水材料、园艺无纺布、盆栽土

⧗ 30 min

☐ 1

带花盆
设计共
30 min

2

上图：
水仙栽培种、报春花栽培种、
球花报春、拜占庭绵枣儿（*Scilla amoena*）、叶苔、干芦苇
篮子、鸵鸟蛋、装饰线、塑料膜、盆栽土

带花盆
设计共
30 min

2

右图：
花格贝母、葡萄风信子、西洋云间草、
败酱草、苔藓、矮枸杞树枝
篮子、鹌鹑蛋、羽毛、葡萄藤、塑料膜、
盆栽土

花格贝母、葡萄风信子、树枝、
小细枝、苔藓
鹅蛋、火鸡蛋、缠绑线、塑料膜、
水泥/混凝土、盆栽土

带框架和
鸟巢设计
60 min

2

在复活节的前几周，将室外
盆栽设计成鸟巢的样子别具
意趣。如果有一个既可以防
风有具有相当稳定性的框架
可用，那么就可以如本页图
所示，将鸟巢放在分叉的树
枝框架上。自然界中的植物
当然不会在鸟巢中生长，但
是这里所展示的鸟巢内的植
物是可继续生长的。

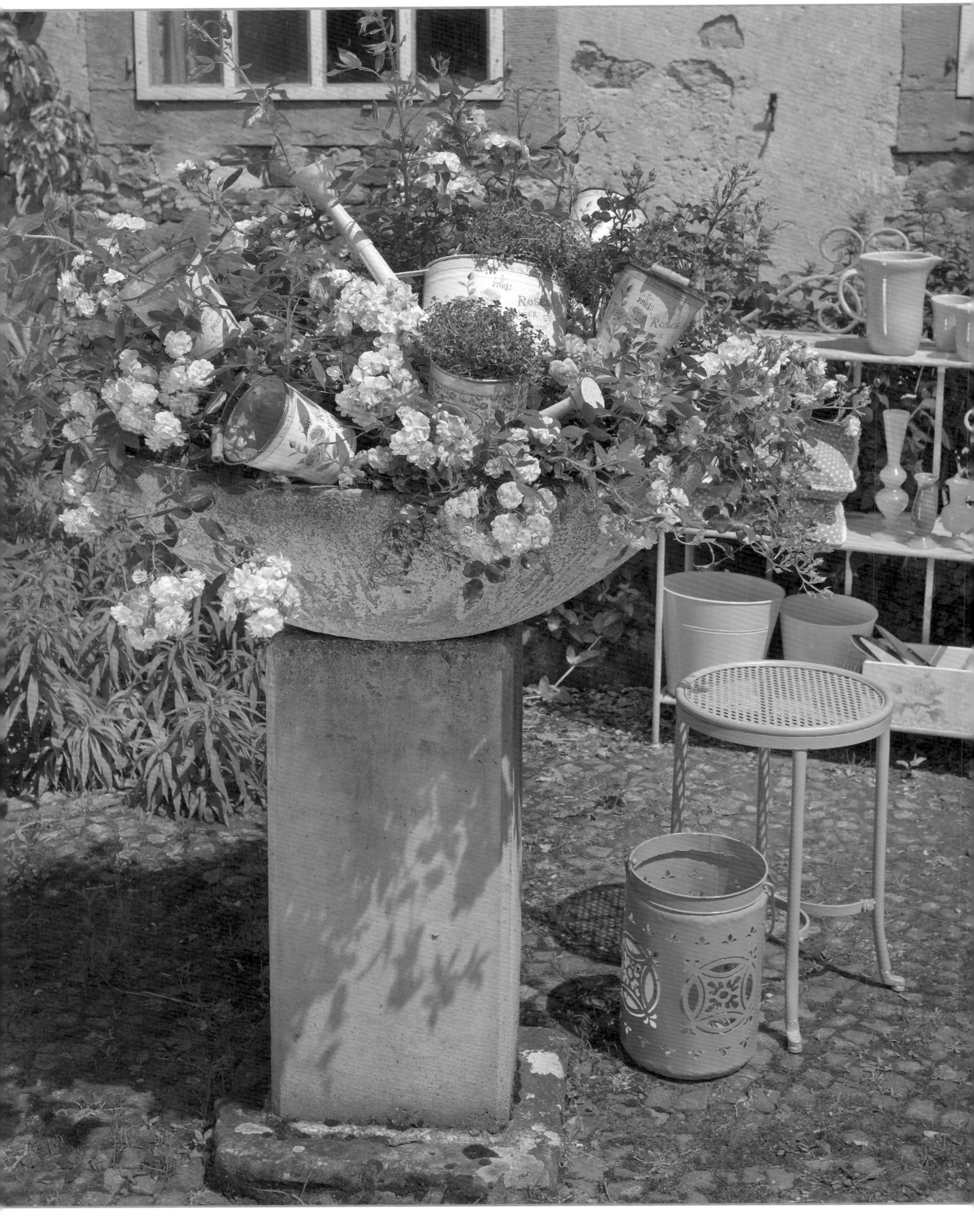
PARIS
ROSES
PARIS
ROSES

左图：
木茼蒿、山桃草、紫甘薯、蓝眼菊、
矮牵牛栽培种、素馨叶白英、
马蹄莲栽培种
花盆、排水材料、园艺无纺布、盆栽土

⧗ 30 min
☐ 2

下图：
小花矮牵牛栽培种、大丽花栽培种、
天蓝绣球、五星花、
"鳄鱼的眼泪"彩叶草(*Solenostemon scutelarioides* 'Alligator Tears')
树脂花盆、排水材料、园艺无纺布、
盆栽土

⧗ 25 min
☐ 2

左页图：
玫瑰、百里香
陶瓷花盆、锡罐、捆扎线、热熔胶、
竹签、排水材料、园艺无纺布、盆栽土

⧗ 45 min
☐ 3

左页图中的蔷薇盆栽想要突出的不仅仅是纯植物，摆放在花盆里的小铁罐和喷壶展现出了夏季盆栽花艺设计的独特乐趣。本页示例则展示了很多花开浓密的夏季植物，每一种都能让人感受到夏日热闹纷繁的氛围。

本页上图花盆中栽种的是极具夏日特色的迷迭香，作品整体展现出了浓浓的地中海风情。本页下图是在黑色的立方体花盆里栽种植物，尽管花盆是立方体形的，但大部分植物仍然可以在此充分生长。右页示例盆栽中插入的彩色新西兰麻叶为盆栽增添了一定的装饰效果，同时也能与倒挂金钟的花色相呼应。

30 min
2

上图：
双距花栽培种、狭叶薰衣草、千叶兰、蓝眼菊、迷迭香、万寿菊、百日菊
越南陶花盆、排水材料、园艺无纺布、桶装盆栽土

30 min
2

右图：
圆头大花葱、尖花拂子茅
（Calamagrostis x acutiflora）、翠雀栽培种、发草、紫盆花、柳叶马鞭草
塑料花盆、排水材料、园艺无纺布、卵石、桶装盆栽土

每个
30 min
3

右页：
前：巧克力秋英、倒挂金钟栽培种、堆心菊栽培种、紫叶酢浆草、灌木香茶菜（Plectranthus fruticosus）、彩色新西兰麻叶
后：倒挂金钟栽培种、堆心菊栽培种、罗勒、彩色新西兰麻叶
塑料花盆、排水材料、园艺无纺布、桶装盆栽土

30 min ⧖

1️⃣ 上图：
宽叶苔草（*Carex petriei*）、
纤细欧石南、紫花野芝麻、银叶菊、
铁线莲藤蔓
黏土花盆、羊毛线、热熔胶、排水材料、
园艺无纺布、盆栽土

共需 ⧖
45 min

2️⃣ 右图：
后面：大花六道木、金叶苔草、
平铺白珠树、狼尾草、裂叶火炬树（*Rhus
typhina* 'Dissecta'）、
心形叶黄水枝(*Tiarella cordifolia*)、
树枝、叶
前面：金叶苔草、平铺白珠树、
矾根栽培种、"鸟巢"欧洲云杉、
阳光玫瑰(*Rosa nitida*)、
心形叶黄水枝(*Tiarella cordifolia*)、
树枝
陶瓷花盆、排水材料、园艺无纺布、
桶装盆栽土

左图：
帚石楠、仙客来、蛇麻、银叶菊、
栗子、苔藓、潘帕斯草、干芦苇
柳条编织的篮子、再生纸板托盘、
盆栽土

下图：
帚石楠、仙客来、酸浆、
粗壮景天（*Sedum cauticola*）、
景天、苔藓、秋季郁金香叶、苹果、
半透明木瓜枝
再生纸板花盆、订书钉、盆栽土

带花盆
设计共
45 min

2

带花盆
设计共
40 min

1

盆栽植物秋季风情的展现不仅仅体现在植物上，还可以通过添加具有秋季元素的水果、干花序、细藤以及色彩鲜艳的秋季树叶等来烘托气氛。如果栽种的植物本身能够不断变化且逐渐呈现出秋天的色彩，或者能为花盆添上秋日元素，那么整个作品就会给人留下一种自然天成的印象。

左图：
日本扁柏（*Chamaecyparis obtusa* 'Coraliformis'）、黑嚏根草、蕊帽忍冬、打蜡苹果、苔藓、干芦苇、松果
篮子、木棍、木桩、塑料膜、盆栽土

⌛ 25 min
2

下图：
欧洲山松、干草、松果、银白杨叶
篮筐、圣诞灯饰、星星装饰、塑料膜、排水材料、园艺无纺布、盆栽土

⌛ 10 min
1

左页：
花叶扶芳藤、黑嚏根草、鳞叶菊、苔藓、松枝、松果
混凝土花盆、排水材料、园艺无纺布、盆栽土

⌛ 15 min
1

即使在冬季，家里的露台或阳台上也可以进行盆栽花艺设计。耐寒的针叶树和冬季开花的植物（如圣诞玫瑰，即黑嚏根草，花期为冬季和初春）都可以用来装饰阳台，也可以在盆栽内添加一些松塔、灰白色的杨树叶等作为点缀。如果再加入一些星形饰品或有金属光泽的苹果饰品，就可以唤醒人们对于即将到来的圣诞节的期待。

1·3 形状
成形

花盆的形状、植物的形态及二者之间的相互关系和组合方式，决定了每个盆栽的整体形态。这 3 个因素是密切相关和相互依存的，接下来我们会进行详细叙述。

花盆的形状

在盆栽花艺设计中，几乎所有形状的花盆都可以供我们使用。圆形、椭圆形、立方体形、长方体形、长盒形、双耳瓶形、浅碗形或是自由组合的不规则形状的花盆都是可以使用的，也是比较常用的。在使用独特形状的花盆时，必须要考虑 3 点：

- 首先要考虑的是，从技术适用性来看，植物和其根部的大小与花盆是否契合。

- 花盆的风格特征可能会影响到所选植物的形态、配色方案及其放置方式。古典风格的花盆起到的多是装饰作用，此时，可以选择将植物紧密地分组排列，或者只栽种一种起主导作用的植物。与之不同，使用现代风格的长方体形花盆时，可像盆栽基底设计一样将具有颗粒感的植物整齐排列。

- 放置的方式可以参照之前的例子，放置时也要参考花盆的形状。

植物的形态

一般来说，所选的植物的外形轮廓和排列方式决定了每个盆栽的整体形状。如可以将悬垂状的植物塑成悬吊起来的盆栽，或者可将其放置在阳台种植箱中使之自然下垂。大型的植物，因为其大小和形态成为影响盆栽造型的主要因素，进行造型时，一般只能减少栽种的数量。植物的不同形态甚至可以使整个作品呈现线性的视觉效果。正如上文所述，对于特定形态的植物要选择恰当的花盆，并且由此来确定其合适的放置方式。

组合方式

无论是展现植物自然生长状态的线条蓬松的造型，还是突出体现装饰效果的线条紧密的造型，或者是有序的线性排列、无序的交错排列，无论是对称的还是不对称的，所有形式的组合方式都是可行的。如果具体制作出来的作品能清晰、准确地展示出设计意图，那么这样的组合方式才能产生最佳的视觉效果。正如前文所述，只有使用合适的花盆和恰当的植物种类，才能实现这一目的。

从上文所述的花盆形状和植物形态以及组合方式的论述表明：在进行盆栽设计时，所有相互关联的因素必须始终保持一致，因为它们之间是紧密相连的。

1·3 检测题

[1] 花盆的材质有很多种，请说出5种不同材质的花盆并说出其优点与缺点。

[2] 如何理解长日照植物和短日照植物？

[3] 在阳台种植箱中，植物有哪几种行列分布方式？

[4] 请至少说出5种可以栽种在花盆内的针叶植物。

[5] 请至少说出3种块茎类植物。

[6] 如何理解形态类植物这一词？

[7] 请说出5种适合在悬吊起来的植物。

（答案参见第 171 页）

通常情况下，呈碗形的花盆是一种宽度大于高度的扁平花盆。一般来说，碗形花盆从侧面看是弧形的，并且花盆的底座直径比花盆最宽处的直径要小，这就使得它有着比圆柱形花盆更加轻盈的视觉效果。由于形状会对比例产生一定的影响，所以碗形的花盆看起来通常比较浅。正如上图所示，它们非常适合用作餐桌装饰，而桌面最初也正是用碗碟来进行装饰的。

洋常春藤、花毛茛、西洋云间草、
细枝、树皮、苔藓
碗、石头、盆栽土

共需
30 min

1

20 min ⊠
2

上图:
荷兰菊、羽衣甘蓝、"青铜"宽叶苔草
(Carex petriei 'Bronze Form')、
仙客来、大戟栽培种、洋常春藤、
矾根栽培种、安德群紫露草
排水材料、园艺无纺布、盆栽土

每个 ⊠
30 min
2

右页图:
天竺葵栽培种、树枝球
塑料花盆、排水材料、园艺无纺布、
盆栽土

当谈到用较大的容器来进行盆栽时，一般指的就是桶形花盆，而且里面的植物通常也比较高大。但是，上图示例却不是这样：对于比较大的桶形花盆来说不一定非得搭配高大的植物，只要搭配得当，用小型植物也能制作出令人赏心悦目的作品，反之亦然。最理想的情况是从植物到花盆有着自然的视觉重量过渡，图中的作品中起着过渡作用的是旁逸出来的洋常春藤。

这个花盆里栽种的都是天竺葵属植物。从表面上看，图中花盆与植物的大小差不多，因为这些植物的高度与花盆的高度大致相近。尽管加入了成团的树枝，但图中花盆与植物之间仍过渡得不自然，上下两个空间的割裂感依然存在，还有进一步完善的空间。

左图：
小花矮牵牛栽培种、马鞭草栽培种
花盆、椰子纤维绳=椰棕绳、塑料膜、
盆栽土

下图：
通奶草、倒挂金钟栽培种、欧活血丹、
马鞭草栽培种
陶花盆、线、藤扎线=绑扎线、盆栽土

左页：
金币雏菊、阿魏叶鬼针草（*Bidens
ferulifolia*）、小花矮牵牛栽培种、
甘薯、马缨丹、黄金钱草、万寿菊、
大花蛇目菊、翼叶山牵牛、
马鞭草栽培种
塑料花盆柱、盆栽土

带悬吊
20 min

1

带悬吊
40 min

2

40 min

2

如果花盆里栽种的是悬垂植物，那么盆栽的整体呈现效果也是相应的悬垂形状。由于这些植物是悬垂的，所以需要一些特殊的花盆。左页图中的柱状花盆内栽种的植物使得整个盆栽作品像是一个由叶子和花朵组合而成的瀑布。本页图片中展示的盆栽植物，便是所谓的悬吊式盆栽，它是将植物栽种是在悬吊的花盆中制成的。

共需
30 min

2

上图：
蔓枝满天星、
蓝发草（*Koeleria glauca*）

下图：
熊耳草、通奶草、
金钱薄荷（*Glechoma variegata*）、
羽绒狼尾草（*Pennisetum setaceum*）
石头-混凝土花盆、排水材料、
园艺无纺布、盆栽土

左图：
小花矮牵牛栽培种、莫罗氏苔（*Carex morrowii* 'Variegata'）、
"紫色"甘薯、矮牵牛栽培种、
爱尔兰珍珠草、林荫鼠尾草、
马鞭草栽培种
塑料花盆、排水材料、园艺无纺布、
盆栽土

25 min

2

下图：
翠雀栽培种、欧活血丹、香水草、
法国薰衣草、蛇鞭菊、天蓝绣球、
金钱掌
塑料花盆、排水材料、园艺无纺布、
盆栽土

25 min

2

长方体形的花盆是一种有棱角的花盆，其长度是大于宽度的。由于空间限制，它们总是像窗框一样被排成一行放置。图中所展示的盆栽作品表明，即使是在较窄的空间里也可以把它们交错排列放置，从而呈现出一种松散的视觉效果，而不是严谨规整地排列。

有很强存在感的单株植物是影响花盆选择重要因素。如图中作品所展示的一样，如果所要栽种的植物较为高大，那么我们选择的花盆不仅要按一定比例来配合植物，还必须保证其重心较低且足够稳定。视觉上的重心在这里起着至关重要的作用。在任何情况下，花盆都不能影响单株植物的视觉效果，而且要在风格和色彩上与之保持一致，所选择的陪衬植物也要与它相协调。

上图：
鸡爪槭、羊茅、龙胆（Gentiana septemfida var. lagodechiana）、矾根栽培种、长生草栽培种
花盆、鹅卵石、排水材料、园艺无纺布、盆栽土

左页图：
木茼蒿、石竹、蛇莓、蔓枝满天星、法国薰衣草、"艾格尼丝席林格"玫瑰（Rosa 'Agnes Schillinger'）、林荫鼠尾草
石花盆、心形配饰、竹子、藤条捆扎带、丝带、排水材料、园艺无纺布、盆栽土

共需 40 min

3

每个 30 min

2

1·4 设计类型和设计主题
就按这种方式

大自然那伟大的力量以及它无拘无束的美都可以在**装饰型设计**中以一种华丽繁茂的方式直接表现出来。有着丰富华丽的花朵、旺盛的自然生长力和随着季节变更不断变化色彩的枝叶茂密的盆栽植物，获得了越来越多的顾客的青睐。也正因为如此，放置在室外的盆栽植物的造型设计也越发丰富起来了。

仿照植物在大自然中的生长状态设计出的室外盆栽植物，往往具有特别的吸引力。这样的**植物生长型设计**经常出现在花园中：红叶甜菜可以营造出类似森林边缘常常出现的蕨类植物的风景效果，岩石花园可以营造出类似山区景观的效果，花园池塘上的河岸带可营造出小荒地景观效果等。依据同样的方式和主题，可以设计出与之相对应的室外盆栽。当它们能展示出令人信服的自然效果时，也就有了大自然的感觉，从而能使观看者感觉到像是在野外散步。从这一点来看，室外盆栽植物可以给观赏者带来轻松闲适感，售卖者可以以此作为卖点将之推荐给消费者。

在**线条型设计**中，人们总能隐约发现植物生长型设计风格的影子。这并不奇怪，因为充分利用植物自然生长形成的线条来进行线条型设计往往特别有效。一般情况下，人们往往"第二眼"才能发现"原来是线条型设计风格"。下一页图片中的示例，将有助于我们明白线条型设计风格是如何通过 3 个排列在一起的盆栽体现出来的。

在这 3 种设计风格中，**选择一个合适的花盆**是非常重要的。当然在选择花盆时并没有太多严苛的要求和标准，因为许多花盆的形状、材料以及款式与多种植物都符合，且不局限于一种设计风格。只有在完全不合适的情况下才会否定某一种搭配，如在一个乡村气息很浓的花篮里栽种一株具有很强现代感的线性植物，此时就要好好考虑了。

从设计风格的角度来看，在很多情况下，一个确定的**设计主题**可以将多种不同的设计风格很好地融合到一个作品中来。如下图示例中，岩石花园风格的盆栽整体呈现出植物生长型设计风格，种植的可食用香草形成了装饰型设计风格，使用的花盆具有明显的线条型设计风格。当然，还有一些其他的设计主题可以激发你的创作灵感，如日本禅宗花园、针叶树大型盆栽（花盆为桶形，较大）、乡村花园风花篮盆栽、有着阳光般灿烂笑脸的菊科植物盆栽、以海洋蓝－白色或只用红色为主题的盆栽（可以在其中适当加入观叶植物）。

草本植物通常都具有天然的植物生长型风格。

1·4 检测题

[1] 为什么在浇注边缘处浇水很重要？

[2] 高品质、结构稳定的盆栽土应该具备哪些条件？

[3] 请说出5种危害植物生长的害虫及防治措施。

[4] 如何理解"植物群落学"这一术语？在技术和设计方面，它对于盆栽花艺有什么意义？

[5] 请说出3种在可以用于室外栽培的常绿灌木。

[6] 请至少说出3种可栽种在室外的草本植物。

[7] 请说出3种适宜室外栽培观赏果树，夏天可将它们放在室外，而冬季则必须放入室内保护。

（答案参见第 170~171 页）

虽然花盆中的山荆子和丽果木展示的都是自然的生长姿态，但盆栽整体为线条型设计风格，并不是植物生长型。其线性特征体现在作品线条状的枝条、栽种植物的统一性、颜色的单一性以及多个相似盆栽的连续排列效果上。顺便说一下，可以将连续排列的多个盆栽看作一个整体（盆栽）。

西伯利亚红瑞木、丽果木、平铺白珠树、金丝桃栽培种、山荆子
混凝土花盆、排水材料、园艺无纺布、盆栽土

每个
15 min

1

20 min

⊠

2

匍匐筋骨草、小花矮牵牛栽培种、
"卡罗琳铜"甘薯、铁线莲藤蔓
陶瓷花盆、排水材料、园艺无纺布、
盆栽土

植物的插摆效果密集而丰富，看起来郁郁葱葱的，这是装饰型盆栽设计的主要特点。上图中所展示的盆栽具有一定的植物生长型风格的视觉效果，而右页图中的两种盆栽作品都具有明显的装饰型设计风格。右页上图中的花篮使得整个作品的闭合轮廓更加突出，右页下图的盆栽则凸显出了单种植物（单色）的装饰性效果。

左图：
木茼蒿、金叶苔草、双距花栽培种
篮子、碎布、铁丝支架、塑料膜、
盆栽土

下图：
左：法国薰衣草、苔藓
右：柠檬百里香、苔藓
陶瓷花盆、油毡纸、鹅卵石、排水材料、
园艺无纺布、盆栽土

带花盆
设计共
30 min

1

左页图示例中的齿叶冬青因为放置在户外而遭受了鸟或虫的啄食或啃噬，反而形成了一种独特的造型。在花盆内栽种上与之相搭的植物后，盆栽整体呈现出了植物生长型的设计效果。本页图中两个碗形小花盆里栽种的植物看上去不像是人工刻意设计的。能达到这一效果，花盆内的苔藓、细枝、细藤蔓及它们错落有致的分布功不可没。

上图：
变色耧斗菜、海石竹、角堇、黑莓藤蔓、落叶松树枝、草地早熟禾
混凝土花盆、石块、盆栽土

左页：
天山蜡菊、常绿白烛葵（*Iberis sempervirens*，又称evergreen candytuft）、齿叶冬青、同瓣草（*Isotoma fluviatilis*）、黄金钱草
混凝土花盆、石块、排水材料、园艺无纺布、盆栽土

 共需 30 min
 2

 共需 40 min
 3

20 min

1

共需
30 min

2

上图：
香蜂草、迷迭香、百里香、苔藓、树桩
混凝土花盆、鹅卵石、盆栽土

右图：
欧薄荷、迷迭香、柠檬百里香、
伏牛花枝、装饰青苔
塑料花盆、排水材料、园艺无纺布、
盆栽土

如果盆栽植物除了有装饰效果之外，还有可供食用的附加功能，那么它会更加受人欢迎。左右两页示例主要展示的是地中海地区的草本植物，上图示例中还用到了柠檬树。但是，冬季到来后，必须将它们放置在室内明亮、凉爽的地方越冬管理。

柠檬、狭叶薰衣草、鼠尾草、
柠檬百里香、苔藓、木球
粘土（黏土）花盆、鹅卵石、排水材料、
园艺无纺布、盆栽土

⧗ 20 min

2

左图：
番茄、"紫荆"圆叶薄荷、酸模、
细叶万寿菊、林地鼠尾草、藤枝
铁丝缠绕的篮子、粗麻布、油漆、挂钩、
塑料膜、排水材料、园艺无纺布、盆栽土

⧗ 30 min
▣ 3

下图：
前：草莓 (*Fragaria x ananassa*
'Elsanta')、莴苣、染色的柳枝
后：蜡叶峨参、辣椒、罗勒、百里香、
染色的柳枝
塑料花盆、装饰带、排水材料、
园艺无纺布、盆栽土

⧗ 共需 40 min
▣ 2

左页图：
后：辣椒、"青铜"茴香、
花叶薄荷 (*Mentha x rotundifolia*
'Variegata')、意大利青椒 (*Peperoni*
'Yanka F1')、欧芹、染色的新西兰麻叶
前：辣椒、花叶薄荷 (*Mentha x*
rotundifolia 'Variegata')、旱金莲、
莴苣
铁丝线缠绕的篮子、排水材料、
园艺无纺布、盆栽土

⧗ 共需 40 min
▣ 3

对于这些可食用的盆栽植物来说，一般不会整株拔出来烹饪，而是多像香草或茄果类植物那样每次只撷取一小部分。这样，在按照食材的标准来进行栽培的同时，还要保证其观赏价值不受影响。虽然这类盆栽植物是以不同色调的绿色草本植物为主，但其他颜色的添加也很重要，尤其是对比色。在左右页示例中，红色与绿色的对比效果非常明显，也是盆栽设计的重要元素。

最大程度地减少植物的使用种类，只保留最必要的植物，这种设计能够令人产生一种特殊的感觉，同时还具有引人瞩目的魅力。在进行盆栽设计时，专注于某种特定的物种或种群非常重要。左右两页示例所使用的植物是草本植物，随之确定下来的便是花盆的类型。所使用的伴生植物也都是纯绿色的，所以在色彩选择方面也做了减法。

20 min ⧖ 1
上图：
灰羊茅（*Festuca cinerea*）、
伞花麦秆菊
石头与混凝土花盆、排水材料、
园艺无纺布、盆栽土

20 min ⧖ 2
右图：
熊皮羊茅（*Festuca gautieri*）、
蓝羊茅、蓝发草（*Koeleria glauca*）、
夏季香薄荷
塑料花盆、石块、盆栽土

25 min ⧖ 2
右页图：
欧洲鳞毛蕨、中国芒、柳枝稷、羽穗针茅、
干燥的卷须
玻璃钢花盆、排水材料、园艺无纺布、
盆栽土

20 min

3

上图：
多肉植物白霜、长生草栽培种、树桩
赤陶花盆、沙子、
仙人掌或多肉植物盆栽土

25 min

3

右图：
多肉植物白花景天、多肉植物白霜、
长生草栽培种
混凝土花盆、石块、沙子、
仙人掌或多肉植物盆栽土

即使是极具植物生长型设计特色的岩石花园，有时候也需要注意减少植物种类的使用。此外，哪怕只有一种植物（左右两页使用的是多肉植物），也能决定盆栽整体的设计风格。上图中桌上泥土质感的花盆的主体是用木条拼接成的，然后在外表面刷上油漆、沙子、浆糊和木工胶的混合物。待其干燥后，在花盆底部铺上塑料膜，最后进行植物栽种。

长生草栽培种、干燥的细枝
木条、木板、沙子、油漆、胶水、
木材胶、螺丝、塑料膜、
仙人掌或多肉植物盆栽土

带构筑
花盆
70 min

1

2

室内

室内盆栽

2·1 私人空间
个人观赏

历史

早在 500 年前，当时的探险家出于对科学研究的兴趣，将各种新奇的植物从遥远的异国他乡带回欧洲，不久之后，部分人对收集植物产生了狂热的兴趣。在宫廷中，花园的布置及扩建也深受这股风潮的影响。在当时，栽种着珍稀植物的壮丽花园成了地位的象征。随着园艺技术的精进，还产生了一种特制的暖房，即巴洛克式暖房，用于栽培那些不能抵御寒冷的植物。从历史角度来看，这大约也是室内观赏植物的产生时期，然而当时只有王公贵族和富商才能享受这一乐趣。

在 19 世纪，尤其是在（德国）威廉时代（德皇威廉一世），产生了大批工业企业，室内观赏植物也成了当时富裕的市民阶级布置别墅时必不可少的装饰。很快地，当时的中等收入群体也效仿起这种潮流，而贫苦的百姓只能在他们租住房间的窗台上摆上一株小小的植物。毕德麦雅时期（1815~1848）的部分油画也展现了这一发展的开端。

20 世纪，随着社会财富的增加，越来越多的市民将植物当做奢侈品摆放在室内，创造出纯粹以观赏为目的的花园，而不再像之前那样迫于生计只能弄个菜园出来。如今，行列式布置的带花园的住宅中，在阳台上装饰植物已不再稀奇。同时，市场上有各种形状、颜色、材质的花盆，能满足各种装修风格。新的园艺品种被不断地培育出来，因而可供选择的植物也是数不胜数。在居所内配上热带、亚热带盆栽植物，沉迷于盆栽花艺的乐趣，这在如今都已习以为常。

栽培空间

除了关注种植技术和植物养护，还应该密切关注盆栽的空间要求。空间的确定以及空间的功能影响着盆栽花艺设计。窗台上适宜放置颀长的植物盆栽，厨房中适合栽培不妨碍活动的小型盆栽。空间的高度限制了盆栽植物的高度，在光照充足的浴室中，则适合放置那些喜欢潮湿的盆栽植物。之前在讲述花盆时已经明确指出，盆栽必须与周围设施的风格和颜色相匹配。

盆栽植物有装饰功能，在培养、观赏它们的过程中能陶冶情操，同时它们还能改善室内空气环境：在一定程度上，植物吸收了室内空气中的有害成分，并且通过释放氧气来改善空气质量。在进行相关植物销售及咨询时，人们都会提及盆栽植物能带来的益处。

2·1 检测题

[1] 如果想在室内配置盆栽，对花盆的特性有什么要求？

[2] 请至少说出5种多肉植物，并列举出具体的植物名称。

[3] 为什么人眼看上去足够明亮的地方对于某些植物来说仍然太暗？

[4] 如何理解附生植物？

[5] 植物必需的大量元素有哪些，它们能起到怎样的作用？

[6] 在盆栽花艺设计中，要遵循哪些标准？

[7] 冬季的暖气对室内盆栽植物有什么不良影响？有什么办法能够减轻这种影响？

（答案参见第 172~173 页）

这两个是放置在私人住宅或出租屋的走廊或楼梯间的盆栽，里面的植物生长健壮、易于打理，并且与该空间内的色彩交相呼应。两个作品中都加入了原木，原木体现出了自然气息和粗糙的质感，跟花盆光滑的侧面形成了鲜明的对比。

前：
圆锥凤梨、苔藓
原木、炻瓷花盆、排水材料、
园艺无纺布、盆栽土
后：
变叶木、裂瓣球兰（*Hoya lacunosa*）
原木、炻瓷花盆、排水材料、
园艺无纺布、盆栽土

共需
35 min

2

德尔玛光萼荷（*Aechmea 'Del Mar'*）、
吊金钱、紫花凤梨、松萝凤梨、苔藓
接骨木枝、挖空的树干段、钢筋、
塑料膜、钉子、盆栽土

客厅的盆栽体现了主人的个人风格、品味以及对特定植物的偏好。上图是放置于小型客厅内的一对时髦而特别的凤梨类盆栽植物。凤梨属于附生植物，不太适合用常规的花盆来栽培，上图中的雕塑式设计非常巧妙：既符合植物的生活习性，又独具匠心，很有设计感。右页下图中的盆栽则表达出主人对纸莎草和螺旋灯心草等植物的偏爱。

左图：
克里特粗肋草（*Aglaonema commutatum* 'Crete'）、
花烛栽培种、裂瓣球兰、红脉豹纹竹芋、
皱叶椒草
玻璃花盆、颗粒材料、盆栽土

⧗ 20 min
3

下图：
纸莎草、螺旋灯心草
炻瓷花盆、石头、盆栽土

⧗ 25 min
2

15 min

欧洲凤尾蕨、苔藓、地衣
附有地衣的树枝、木盒、塑料膜、
盆栽土

1

通常浴室里没有足够的空间来摆放大型盆栽，并且从长期放置
的角度来说，这种大型盆栽反而是一种干扰。因此在这里摆放
上起装饰作用、尺寸适宜的盆栽是一个明智的选择。当然，盆
栽植物应该要能承受湿热的环境。浴室里也极有可能产生过度
浇水的副作用，所以在植物选择和养护措施方面都要注意。无
论在什么情况下，都必须确保浴室里有植物所需的充足光照条
件。

左图：
藤芋（*Scindapsus* 'Trebie'）
炻瓷碗状花盆、石片、盆栽土

 10 min
1

下图：
二歧鹿角蕨
混凝土花盆、干树根、绑扎线、盆栽土

10 min
1

用来装饰厨房或餐桌的盆栽，不能妨碍这些地方的原有功能，因而必须选择一些较小型的或者至少是狭长型的盆栽。如果应用的时间比较短，比如晚宴、临时性的室内装饰或餐桌装饰，除了室内植物外，还可以采用室外单株植物。下图中的食虫植物也适合摆放在厨房里的水果旁边，可以用它们来对付烦人的果蝇。

15 min ⏳

2

上图：
荷兰番红花、水仙栽培种、"胜利"报春花（*Primula* 'Victory'）、黄花柳苔藓
条状桦木皮、藤条、陶瓷花器、装饰线、盆栽土

15 min ⏳

1

右图：
墨兰捕虫堇
树根、陶瓷碗、鹅卵石、石子、盆栽土

共需 30 min ⏳

2

右页图：
文心兰栽培种、松萝凤梨、坎布里亚兰、普通兰花
芦苇秆、陶瓷盆、绑扎线

2·2 公共空间
共同欣赏

之前的章节已经对空间的种类和功能进行了阐述，而空间的种类和功能也会对盆栽花艺设计产生影响。在公共空间中依然如此，但是主要着眼点在于其他方面。

如同在私人空间的作用一样，盆栽也应该能调动公共空间的气氛，创造令人愉悦的氛围。公共空间中的盆栽具有典型的特定功能，如放置在公司入口处、服务台处的盆栽与私人客厅中的盆栽相比，其所具有的功能必定是更加重要的。对它们的大小是有要求的，同时它们也必须和所处空间的风格、颜色以及该处的设施相匹配，甚至还需要和公司的标志性颜色相匹配。

从栽培技术角度来看，必须优先考虑植株的稳固性、大小以及养护的难易度。浇水以及施肥的过程必须方便简单，也不需要太过频繁地去除植物的干枯部分，植物对干燥的室内空气或者穿堂风的敏感度要较低。适宜用于公共空间以及办公室的无土栽培植物也很重要。如右图所示，作为一种特殊的植物，多肉植物只需偶尔浇浇水，而且它们主要是通过生长姿态很特别的叶片而非花朵来起到装饰作用的，非常适合作为盆栽放置于公共空间。

用于商业场所和社会公共场所的盆栽植物，在长期的日常养护中通常会面临一个共同的问题：如何养护及谁来养护。所以在进行盆栽花艺设计的时候，就应该做好统筹考虑，如浇水、施肥、定期更换植株以及通过相应的方式对害虫进行监控。有些养护，一般人即可胜任，但有些却不行，如除虫：根据法律的规定，有关人员要通过特定培训测试，在证明自己已经全面掌握相关专业知识后，才能够实施除虫措施。

这些花盆的色彩和风格都极其适合公司的楼梯间，也可以装饰楼梯下面的闲置空间。盆栽中种植的植物有：唐印（这种植物的叶片边缘呈现出红色），爱之蔓，线叶球兰，翡翠珠，玉柳（这是一种垂悬生长的植物，并且叶片的形状特别）。高度较高的花盆非常适合栽种这些流线形的悬挂植物。

2·2 检测题

[1] 盆栽花艺设计类型有哪些？各种设计类型适用什么样的花盆？

[2] 适合碗状花盆的植物应该满足怎样的要求？

[3] 植物通常承受不了穿堂风，请探讨原因并说一说这对植物会造成怎样的伤害。

[4] 盆栽具有各种各样的尺寸，因此在设计时需要重视比例问题。请说一说都有哪些比例。

[5] 在设计线条型风格的盆栽时，要遵循哪些标准？

[6] 请列出 5 种能够越过花盆边缘向外生长的植物。

[7] 请列举 5 种棕榈科植物。

（答案参见第 173 页）

面向公众开放的建筑物的开放式入口处和楼梯间，往往有充足的空间来容纳令人印象深刻的典型盆栽，通常这些地方都会配置一些易于打理、对环境条件不是很挑剔的植物。因此，若是想要栽培那些对环境有着较高要求的非本土植物，就必须确保该空间内具有相应的栽培条件，还要为植物提供相应的养护措施。当然，也可以请专业人员代劳，以保证盆栽的持久性。

海芋、小花吊兰、软树蕨、彩叶万年青、洋常春藤、苔藓
塑料花盆、凳子、泥炭块、排水材料、园艺无纺布、盆栽土

共需
120 min

3

约 15 min

3

网纹草、杂交蜘蛛文心兰、
麻栗坡兜兰杂交种（*Paphiopedilum concodel x malipoense*）、
蝴蝶兰栽培种、
蝴蝶文心兰（*Psychopsis mariposa 'Green Valley'*）、罗斯兰栽培种
芦苇杆、干藤条、树根、陶花盆、石头、兰花土

配置于公共场所的盆栽植物通常要满足以下 3 个条件：易打理，不妨碍工作以及公众通行，必须能够令人印象深刻。和任何以花卉植物为材料的空间装饰作品一样，在设计用于公共场所的盆栽时，必须注意盆栽在颜色、材料、风格等方面应与它所处的空间相协调，在这个过程中花盆也扮演着重要角色。

二歧鹿角蕨、喜荫花、线叶吊灯花带有珠母贝装饰的玻璃纤维花盆、不锈钢球、排水材料、园艺无纺布、盆栽土

15 min

2

含花盆
设计
100 min

3

擎天凤梨栽培种、文心兰栽培种、
兜兰栽培种、剑类凤梨、
细枝丽穗凤梨、棕榈苞片
带支架的木盒、油漆、热熔胶、螺丝、
塑料膜、盆栽土

在社会公共场所、商业办公区域、行政区域、诊所和律师事务所内的等待区等地方，可以通过装饰合适的盆栽植物来改善和调节气氛。植物可以赋予这些空间完全不同的、活泼的氛围，能为等待过程增添一份愉悦。

红星朱蕉（*Cordyline australis* 'Red Star'）、方角栉花竹芋、阿玛斯凤眉竹芋、紫苞芭蕉、树枝人造树脂花盆、排水材料、园艺无纺布、盆栽土

共需 40 min

2

25 min

海芋、薜荔
塑料花盆、排水材料、园艺无纺布、
盆栽土

2

无论是用于柜台、桌子装饰还是用于室内装饰，造型恰当的盆栽都可以成为公司的用餐区或者食堂最主要的标志物，用以活跃气氛。但是它们不能影响所在各空间的原有功能。

左图：
蝎尾空气凤梨、细枝丽穗凤梨
干树枝、陶瓷制碗状花盆、熔岩石、
盆栽土

下图：
栗豆树、洋常春藤、重叠苔藓
树皮、塑料膜、木盒、石块、热熔胶、
塑料膜、盆栽土

⧗ 15 min

1

⧗ 含花盆设计 40 min

2

2·3 位置
从室内观察

在本书的第 26~29 页，我们已经对盆栽在室内的摆放位置做了大致的介绍。本章会通过关于窗户位置以及室内相关设施的具体讲述，探讨有哪些因素会对室内盆栽的摆放产生影响。

窗户位置

窗户的具体方位影响着光线的射入。

- **北面的窗户** 没有直射阳光。但是对于喜阴植物和喜欢半阴环境的植物来说，这里的光照是足够的。

- **东面的窗户** 对盆栽来说是一个理想的摆放地点，因为这里足够明亮，从早晨开始，光照强度和温度逐渐加强，植物能很好地适应这些变化。但是这里只能遮挡住一天中部分时段的阳光，中午的阳光是可以长驱直入的，好在不会有炎热的午后阳光。

- **西面的窗户** 透进来的是下午的阳光，可利用这一短暂的光照时间（相对于德国所处的地球维度而言。夏季的西晒例外。编者注）来传递相应的热量。与东面窗户相比，西面窗户缺少一个热量和光照强度循序上升的过程，只有那些叶片很硬的植物和多肉植物能够在这种环境下生存。在这种环境下，有必要通过树荫或者室内的遮光帘（如窗帘）遮挡强烈的光照，或者干脆别将植物直接摆放在窗口。

- **南面的窗户** 能够提供一整天的充足光照，并且光照的强度是自日出起逐渐增加的。这里很适合放置耐受阳光直射的植物，比如多肉植物和仙人掌类。

距离窗口越远，光照强度就越弱。所以，在房间的深处等地方，南面窗户的强烈光照也变得温和，同时这里也很少能接收到来自北面窗户的光线，这里的光照条件对大部分植物来说是不充分的。

窗外周边的环境

不管窗户的朝向如何，对植物而言，窗外环境是建筑还是树木尤为重要。因为它们能够使强烈的光线变得柔和，同时也能遮挡住窗户，使周围环境变得昏暗，阻碍植物的正常生长。

窗户设施

可以通过**遮光帘或百叶窗**，为植物创造理想的光照条件。但是办公室例外，因为从下午 5 点至翌日 8 点，以及从周五下午至周一早上，办公室中的百叶窗将会被关闭。

窗帘 通常会限制植物在窗台上的可支配空间。摆放在房间窗户后方的植物可以使房间内的光线变得柔和，但是也可能会过多地遮挡光线。

室内

如果植物长期被摆放在远离窗户的房间深处，并且仍需要它们展现出喜人的长势，那么大多数时候就必须使用植物生长灯来改善光照条件。使用植物生长灯为植物提供充足的光照是十分重要的，因为它们能够发射植物生长所需要波长的光线。人眼认为的充足的照明方式，对植物来说仍是不合适的。

2·3 检测题

[1] 园艺土壤有哪几类？

[2] 什么是陆生植物？请您说出另外两种生长类型的植物。

[3] 请简要解释光合作用的过程。

[4] 养护多肉植物时，需要特别注意哪些事项？

[5] 举例说一说植物生长姿态类型。

[6] 如何根据从窗户照进室内的光线情况，推断出盆栽植物合适的摆放位置。

[7] 当植物被摆放在没有遮蔽物的西面窗户窗台内侧时，会遇到什么问题？

（答案参见第 173~174 页）

左图：
东云、月影、粉彩莲、松萝凤梨
树枝、塑料碗、仙人掌-多肉专用土

 20 min

2

下图：
彩舞柱（*Borzicactus samaipatanus*）、金琥、
纤细烛台大戟（*Euphorbia avasmontana*）、
帝锦（*Euphorbia lactea* 'Cristata'）、
金手指
陶瓷碗、颗粒材料、彩色小石子、
仙人掌-多肉专用土

25 min

2

来自沙漠、半沙漠地区及热带和亚热带草原地区的植物，能够适应强烈的阳光照射。因此它们非常适合放置在朝南的窗台处。如果不得不把这种盆栽植物放在远离窗户的房间深处，还需要保证植物的长期生长不受影响，则必须通过特殊手段为它们提供最佳的光照条件。

此处展示的盆栽均需要在明亮、靠窗的位置摆放。但它们不能承受强烈的光照——尤其是夏季，几乎整个白天的光线都很强烈。本页上下两图中的作品，要考虑到窗户下通常会有的暖气设施。在冬季，这样的摆放位置可能会因为暖气风而引发一些问题。

约
15 min

2

上图：
秋海棠、丛生风铃草、金心吊兰、薛荔、高肾蕨、
贝壳椒草（*Peperomia metallica*）
白桦树树皮壳、塑料膜、盆栽土

15 min

1

右图：
风铃草、黄铜扣
石膏花盆、塑料膜、海螺壳、盆栽土

圆叶南洋参、绿地珊瑚蕨
藤条、陶瓷碗、盆栽土

⧗ 25 min

☑ 2

15 min

1

淑女蝴蝶兰（*Phalaenopsis* 'Little Lady'）、
巴西紫葳木果荚壳（*Zeyheria-Schoten*）、苔藓、玻璃花盆
热熔胶、兰花专用土

左右两页图中的作品，由于承载植物的基质和基底材料比较特殊，不适合直接摆放在地面上，可以选择一些有造型感的特别花盆，使得盆栽植物成为家具装饰品。它们的适合摆放在桌子或餐柜上，可能因此而远离窗户。这时，可以在室内配以植物生长灯，以保证它们长期的生长。右页图中作品的突出特点，是各种材质的质感都很搭配。

左图：
美叶芋、网纹吊兰、皱叶椒草、吊竹梅
金属碗状花盆、石头、砂砾、盆栽土

⏳ 20 min

2

下图：
白纹竹芋（*Calathea picturata*）绿萝、
网纹草、皱叶椒草、合果芋
金属碗状花盆、层压膜喷漆、
装饰大头针、喷胶、盆栽土

⏳ 40 min

2

2·4 季节和场合
专题分析

与室外盆栽不同，季节性植物及观花植物都不是室内盆栽的主角。室内盆栽的重要组成部分是热带以及亚热带植物，这些植物的生长条件决定了它们不会或极少受到季节变化的影响。因此在室内栽培的过程中，季节和场合是两个很重要的因素：一方面应在特定的时间和场合下栽种相应的植物，这些植物就具有了相对应的象征性意义；另一方面，人们可以暂时将季节性的室外植物作为室内装饰。

在春季，尤其是复活节期间，可以将室外盆栽植物暂时用于室内。一个常见的例子就是摆放在客厅桌子上的花篮盆栽，里面栽种着报春花、水仙花、葡萄风信子等。如果想要进一步打理这些植物，使其保持持续的生命力，最后最好还是把它们移栽到花园里。这种方法同样也适用于夏初的绣球盆栽、秋季的石楠花类植物盆栽以及初冬直至圣诞节期间的杜鹃花盆栽、小针叶树盆栽等。

之前提及的春季开花植物（比如水仙花），就是具有象征性意义的植物，适用于相应的一些场合。此外，运用于室内的一品红、小针叶树、圣诞玫瑰等也有此性质。在天气条件允许的情况下，后面的这些盆栽植物也必须移栽至室外。同时由于有些植物的供应量在特殊季节会有所提升，所以顾客会把这些植物和相应的场合联系起来，比如圣诞节期间的各类兰花。这个现象主要是基于商家的促销手段产生的，而绝对不是因为这些植物具有相应的季节性或是象征性意义。

在需要的场合下，如同下面这些图中作品所示，当然可以运用一些符合相应气氛的装饰物，比如圣诞节的圣诞彩球、复活节的彩蛋、羽毛等。

接下来的几页会讨论适用于春季、复活节以及圣诞

用圣诞期间开着白花的仙客来搭配千叶草，再配以圣诞彩球、星形饰品等极具象征性的装饰物。

节、年末赠送礼物时的盆栽，并且会给出相应的图片示例。本书中其他的盆栽示例，可以充分运用于适宜的季节及场合，如生日、纪念日及夏季节日等，因此就不在此进行探讨了。

2·4 检测题

[1] 说一说，排水装置应该满足什么要求，应如何将它们放置在花盆中。

[2] 请举例说出 3 种附生植物。

[3] 植物叶片上的灰尘会引起什么问题？

[4] 进行盆栽基底设计时，要注意些什么？

[5] 在为特定场合设计盆栽作品时，经常会用到干燥花及非植物类的装饰物。除了这些元素与场合的关联性外，还需要注意什么？

[6] 请至少说出 5 种适合春季放在室内的植物，且它们是室外植物，但可以作为装饰性的花材在室内使用一段时间。

[7] 请列举出 5 种可用作室内盆栽基底覆盖物的植物。

（答案参见第 174 页）

左图：
番红花、铁筷子、雪滴花、葡萄风信子、伊朗绵枣儿
金属网、拉伸膜、蜡烛、人造雪、人造冰片、盆栽土

含花盆设计 100 min
3

下图：
花格贝母、水仙栽培种、黄花柳、角堇、苔藓
篮子、丝带、绳子、羽毛、塑料膜、盆栽土

35 min
2

这两个适用于春季和复活节的盆栽显示出了它们与该季节和节日的关联性，除此之外还运用了造型独特的花盆。上图中的作品，用黏合剂和打蜡技术将塑料膜和人造雪垫（Kunstschneematten）加工成花盆，既衬托出了春季植物的柔弱，又反映了冬去春来的季节元素。右图中作品的花盆原本是带把手的篮筐，后加入多种辅材对其进行了装饰。

上图:
花烛、镰叶天门冬、文竹、姜荷花、
黄铜扣、圆叶椒草、马蹄莲栽培种、
棕榈果串
陶瓷花盆、排水材料、园艺无纺布、
盆栽土

右图:
吊金钱、澳洲朱蕉、蝴蝶兰栽培种、
星点藤、棕榈果串
炻瓷花盆、排水材料、园艺无纺布、
盆栽土

在一年中，有很多场合可以将盆栽作为礼物赠送他人。尤其是在年末的时候，可以将盆栽作为典型的礼物赠予商业合作伙伴，感谢彼此间良好的合作。如上述图片所示，不管是成对的郁郁葱葱的碗形（花盆）盆栽，还是单盆的装饰性植物盆栽，都是不错的选择。

蝴蝶兰栽培种
粘上人造雪的树枝、树脂花盆、
亚克力星形饰品、圣诞球、装饰线、
颗粒材料、兰花专用土

⧖ 15 min

□1

这些冬季圣诞节盆栽作品中含有相应的植物，除此之外还有极具标志性的配套装饰品。左页图作品中，花盆边缘点缀着童话般的灯带和圣诞玻璃装饰品，包括玻璃质圣诞星星。上图中，锥形装饰物铺在基底上，拱卫着黑嚏根草（圣诞玫瑰）——其特别之处在于，这里面既有天然的松果，也有玻璃制的松果形装饰品。

上图：
黑嚏根草、松果、苔藓
篮子、玻璃松果形装饰品、塑料膜、盆栽土

左页图：
葡萄叶铁线莲、一品红、
刺戟（*Euphorbia spinosa*）、树枝
金属花盆、装饰线、玻璃星形饰品、
灯带、人造月见草、热熔胶、挂钩、
排水材料、园艺无纺布、盆栽土

 15 min

 1

 25 min

 2

2·5 独立盆栽
就它一个

可以肯定的是，大多数室内盆栽并不是经过设计的植物组合，而更多的是采用单株植物的形式。另外可以确定，通过花艺设计可以极大地提升单株植物的观赏价值，并且仍能保持它们原有的独立外观。同时这样一种设计也能将专业花艺设计与纯粹的植物商品区分开来。以下两种处理方法是可行的：

有陪衬的独立盆栽

给大型——通常是高茎形式的盆栽植物辅以小型植物，这种配置方法在技术层面与其他的盆栽设计形式是大体一致的，唯一的区别就在于独立盆栽所特有的主导作用：其他植物的加入是为了加强对主导植株的装饰作用，它们从属于主导植株。盆栽中的植物要具备相同的养护需求，为了促进植物的良好生长，必须注意它们在植物生态学上的一致性。特殊情况下，可以将陪衬植株较小的根部从上方嵌入主导植株的根部区域，但是不能损伤其根部。此外，主导植株也不能太过于庞大，不能占据陪衬植株生长所需的空间和光照。主导作用并不取决于植株的大小，而是取决于主导植株和附属植株间的比例关系，也可以称其为主导性的比例条件。

经过设计的单株植物盆栽

单株植物盆栽，通过干燥花、铺在基底的颗粒物材料、插入盆栽中的缠绕毛线的装饰棒、装饰球、金属装饰物等来提升自身的观赏价值，同样它也属于独立盆栽。为了将它与大型的主导性盆栽区分开来，通常称其为点缀性盆栽或装饰性盆栽。但是这并不意味着这些尺寸较小的植株是陪衬植物。干燥花以及非花材设计元素的加入，从严格意义上来说并不是植物栽培。从技术和设计层面来说，它们必须满足相应的要求，尤其是这些附加的装饰物不能损害植物。同时，它们也不能妨碍植物养护，万不得已时也要将妨碍程度降至最低，比如在浇水时必须暂时将这些附加装饰物移除。

图中的秋海棠盆栽，分别加入装饰性插片与染色丝瓜络进行装饰。这样可以避免损伤植物，还可以顺利、无障碍地对植物进行浇灌，此外因为丝瓜络遇水会褪色，所以要特别注意。这些材料可以作为暂时性的装饰，但是不能长期放置在盆栽中，因为长期放置会妨碍秋海棠的继续生长。所以，最终这些装饰物是必须要被移除，另作他用。

2·5 检测题

[1] 应该如何理解主导性盆栽植物？

[2] 如何理解过度浇水，这会造成怎样的伤害？

[3] 请列举出 3 种真菌病害，并且对其危害征兆进行描述。

[4] 请解释什么是食虫植物（食肉植物）以及这些植物的生活方式。请举出 3 例。

[5] 说一说适合用作盆栽基底设计的材料。

[6] 请列举出 5 种兰花类植物。

[7] 请列举出 3 种耐湿的室内盆栽植物。

（答案参见第 174~175 页）

这些独立盆栽起主导作用的植物是瓜栗（发财树）通过在它周围栽种小型植物，增强了设计和观赏效果。此外，它也使花盆和盆栽植物显得更和谐了。

芒毛苣苔（*Aeschynanthus japhrolepis*）、
"奇迹铃"落地生根（*Kalanchoe 'Mirabella'*）、瓜栗、
草胡椒（*Peperomia pereskiifolia*）
附有铜绿的陶土花盆、排水材料、
园艺无纺布、盆栽土

共需
30 min

30 min

3

花烛栽培种、秋海棠栽培种、
方角栉花竹芋、波浪竹芋、亚里垂榕、
洋常春藤、树根、苔藓
树脂花盆、排水材料、园艺无纺布、
盆栽土

左右页图中的这两个独立盆栽示例证明，通过在大型的独立植株周围栽种经过挑选的、合适的陪衬植物，可以使盆栽整体设计显得更自然。这两个例子都将热带雨林风情融入到了室内。

海芋、虎斑秋海棠、铁甲秋海棠、苔藓
附有铜绿的金属花盆、排水材料、
园艺无纺布、盆栽土

25 min

2

15 min

1

文心兰栽培种、红边椒草、绿地珊瑚蕨
碗状陶瓷花盆、木球、盆栽土

左页图中的是独立盆栽，本页展示的是没有装饰的单株植物。尽管这些盆栽的规模相对较小，但因为在主导植株周围栽种了小型植物，所以看起来并不小。如果是以单个形式出现，那么它们就是独立的个体，但是在此处它们是以群体的形式组合在一起。附加的芦苇杆和对半劈开的竹竿并不会影响兜兰的生长，也不会妨碍对盆栽的日常打理。

兜兰栽培种
竹竿、芦苇杆、玻璃瓶、藤扎条、羊毛线

约
15 min

1

2·6 设计类型和主题
风格鲜明

室内盆栽的造型设计和不同的设计主题基本上与本书第 100 页所述的内容大体相同。室内盆栽的核心理念如下：

- **装饰型盆栽** 因其纯自然风的装饰效果而受到广大顾客青睐。

- **植物生长型盆栽** 展现出了植物最自然的生长状态。

- **线条型盆栽** 需要挑选形态合适的植物来设计，同时要最大限度地保留植物自然的生长姿态。

主题

鉴于室内盆栽的植物种群大都来源于热带和亚热群落生境，盆栽的主题自然具有异域的热带风情。由仙人掌和多肉植物构成的仿沙漠景观、通过栽种海芋属植物呈现的仿热带风景剪影、附生的热带兰花类植物都是鲜明的例子。接下来的几页中，我们会展示由某些植物类群，如凤梨类植物、热带蕨类植物或者食虫植物等混合组成的可能实现的设计主题。除此之外，正如本书 2·4 章节所介绍的，室内盆栽的设计主题通常要符合季节和场合的特点。

花盆

花盆对盆栽植物的造型设计和主题来说非常重要。在进行装饰型和线条型风格盆栽的设计时，花盆可以与周围的空间完美协调；在进行植物生长型风格盆栽的设计时，花盆也可以呈现出一种自然效果，或者扮演着不引人注目次要的角色。玻璃花盆通常是个不错的选择，下文图片中的作品就证明了这一点。

玻璃花盆中附生在木质化藤条上的空气凤梨。这样的设计既保证了安全性（稳定性），也不影响盆栽的自然效果。

2·6 检测题

[1] 在给盆栽植物浇水时要注意哪些方面？

[2] 如何理解"苞片"这一概念？请举出 2 种不同形态的苞片，说明其区别。

[3] 如何养护凤梨类植物？养护中要注意什么？

[4] 请说出装饰型盆栽设计应该遵循的原则。

[5] 请说出 5 种凤梨科植物。

[6] 请列举 5 种适合作为室内盆栽的蕨类植物。

[7] 请列举 5 种需要较少光照的耐阴的室内盆栽植物。

（答案参见第 175 页）

左图：
帝玉
碗状陶瓷花盆、石头、
仙人掌－多肉专用土

下图：
朝之霜（*Rhipsalis pilocarpa*）、
虎皮兰
树脂碗状花盆、石片、颗粒材料、
仙人掌－多肉专用土

多肉植物的特殊形态，决定了由它组成的盆栽通常呈现出线条型设计风格的外观。在上面的示例中，花盆也对盆栽的造型做出了很大的贡献。在这两个作品中，至少有部分植物呈现出了极具植物生长型风格的设计效果。但通过仔细观察，你会发现下图中的盆栽作品并不是植物生长型风格，因为花盆里的朝之霜（一种仙人掌）实际上是一种附生植物，并不是像作品中那样直接在地上扎根的。

20 min **上图：**
秋海棠栽培种、方角栉花竹芋、
网纹草、圣诞伽蓝菜，灰绿冷水花
金属花盆、排水材料、园艺无纺布、
盆栽土

约 20 min **右页：**
腋花千叶兰、蝴蝶兰栽培种、树枝、
苔藓
带装饰物的合成树脂花盆、盆栽土

除了丰富饱满的装饰效果以外，上图中花盆——尤其是其色彩设计也具有很高的装饰价值。当然，多种形状的观叶植物也对盆栽整体设计有着巨大的作用。右页作品中的蝴蝶兰栽培种，尽管在花艺设计时一般起定调作用（用的量不大），在这里却大量使用，但效果不错。事实证明这种设计是可行的，因为在装饰型设计风格里，所有的花材都必须从属于整体效果。

共需
40 min

3

软树蕨、黑心蕨 (*Doryopteris cordata*)、绿萝、肾蕨、鹅掌藤、绿地珊瑚蕨
树根、陶瓷花盆、排水材料、园艺无纺布、盆栽土

左页图中的两个盆栽作品都是植物生长型设计风格，其设计主
题为热带雨林。盆栽中的主导植物很有独特性，同时很好地体
现出了该花材的花艺作用。此外，左页图中的例子十分引人注
目，因为它的陪衬植物很丰富、盆栽基底设计令人印象深刻。
本页上图作品中，树枝的使用使得整个盆栽造型更为自然。

卷叶山苏花、"花叶"薜荔、
白斑叶龟背竹
带配件的篮子、排水材料、园艺无纺布、
盆栽土

30 min

3

<table>
<tr><td>约
30 min</td><td>3</td></tr>
</table>

上图：
擎天凤梨栽培种、线叶球兰、苔藓、
彩色荚果、藤蔓
绑扎线、陶瓷花盆、石英砂、塑料膜、
螺丝

<table>
<tr><td>100 min</td><td>3</td></tr>
</table>

右图：
擎天凤梨栽培种、蝴蝶兰栽培种、
松萝凤梨、铁线莲藤蔓、叶苔
树枝、纤维垫、塑料花盆、沙子、石头、
装饰线材

左图：
展叶鸟巢蕨、麒麟叶、薜荔、
擎天凤梨栽培种、莺歌栽培种
树枝、金属花盆、树皮、盆栽土

⧖ 20 min

1

下图：
莺歌凤梨、
珍珠草（*Sagina subulata*）、棕榈苞片
塑料花盆、支撑金属丝、排水材料、
园艺无纺布、盆栽土

⧖ 共需 30 min

2

左页上图中的盆栽整体设计呈植物生长型效果，其中的附生植物，尤其是凤梨科植物，一眼看上去就是盆栽中的主导植物。这些附生植物并不是直接栽种在花盆里的，而是以树枝和红色的荚果植物作为其根部的支撑物，这与左页下图中处理附生植物的方式刚好相反。本页图中的示例展现的是几乎对称的结构，属于装饰型设计风格。

左右页图中的多肉盆栽，容易让人联想到沙漠或者半沙漠（即半荒漠）地带。左页图中花盆是用混凝土做的，粗糙的灰色表面透露着质朴自然的感觉，但外形设计具有典型的古典主义风格，这对它的自然效果有些影响。本页图中的漂流木如同栅栏一般，将植物保护了起来。

上图：
筒叶花月、石莲花
漂白的漂流木小段、炻瓷花盆、沙子、仙人掌-多肉专用土

左页：
石莲花、赤凤、美丽莲、白玉兔
干细藤、混凝土碗状花盆、颗粒材料、火山石、沙子、仙人掌-多肉专用土

 20 min
 1
 30 min
 3

栽种在苔藓上的食虫植物和作为陪衬的蕨类植物填满了左图中的玻璃花盆，这样的设计适合来自潮湿的沼泽环境下的植物。将蕨类植物作为盆栽的主题植物是个很好的方案，因为一般来说各种蕨类植物的养护需求都差不多，即使它们分别来自不同类型的地区。

20 min ⧗
2

上图：
圆盖阴石蕨、瓶子草栽培种、
毛帽苔（德文名Haarmützenmoos）
树根、玻璃碗状花盆、盆栽土

20 min ⧗
2

右图：
楔叶铁线蕨、圆盖阴石蕨、纽扣蕨、
欧洲凤尾蕨、苔藓
树根、篮子、塑料膜、盆栽土

10 min ⧗
1

右页图：
楔叶铁线蕨、展叶鸟巢蕨、圆盖阴石蕨、
苔藓
陶瓷花盆、石头、盆栽土

III 植物名录 部分花材（下面的分类是从盆栽花艺的角度进行的。编者注）

鼓励对下面的名录进行深入研究，要想成为一名合格的花艺师，必须对植物知识了如指掌。

IIIa 室外盆栽植物

春季花卉

Bellis perennis
雏菊

Anemone blanda　希腊银莲花
Aubrieta Cultivars　紫花芥栽培种
Myosotis Cultivars　勿忘草栽培种
Primula Cultivars　报春花栽培种
Pulsatilla vulgaris　欧白头翁

带有块根或块茎

Fritillaria meleagris
花格贝母

Galanthus nivalis　雪滴花
Hyacinthoides hispanica　西班牙蓝铃花
Hyacinthus orientalis　风信子
Leucojum vernum　雪片莲
Muscari botryoides　葡萄风信子
Narcissus Cultivars　水仙栽培种
Scilla mischtschenkoana　伊朗绵枣儿
Tulipa Cultivars　郁金香栽培种

夏季一年生花卉

Ageratum houstonianum
熊耳草

Antirrhinum majus　金鱼草
Celosia argentea var. cristata　鸡冠花
Centaurea cyanus　矢车菊
Cosmos bipinnatus　波斯菊
Lobelia erinus　六倍利
Nicotiana x sanderae　红花烟草
Portulaca grandiflora　大花马齿苋
Rudbeckia hirta　黑心金光菊
Tagetes patula　孔雀草
Zinnia elegans　百日菊

夏季多年生花卉

Asteriscus maritimus
金币雏菊

Alchemilla mollis　柔毛羽衣草
Calibrachoa Cultivars　小花矮牵牛栽培种
Campanula carpatica　丛生风铃草
Coreopsis verticillata　轮叶金鸡菊
Dahlia Cultivars　大丽花栽培种
Dianthus chinensis　大丽花
Diascia Cultivars　双距花栽培种
Leucanthemum hosmariense　摩洛哥雏菊
Mimulus luteus　猴面花
Pelargonium Cultivars　天竺葵栽培种
Platycodon grandiflorus　桔梗
Rudbeckia Cultivars　金光菊栽培种

秋季植物

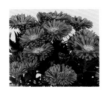

Aster novi-belgii
荷兰菊

Anemone hupehensis　打破碗碗花
Brassica oleracea　甘蓝
Chrysanthemum x grandiflorum　花园菊
Cyclamen Cultivars　仙客来栽培种
Erica gracilis　纤细欧石楠
Festuca scoparia　帚状羊茅
Hebe Cultivars　长阶花栽培种

冬季植物

除了黑嚏根草，这里提到的植物在秋季也可以买到。

Calluna vulgaris
帚石楠

Erica carnea　春花欧石楠
Gaultheria procumbens　平铺白珠树
Helleborus niger　黑嚏根草（圣诞玫瑰）
Leucophyta brownii　鳞叶菊
Senecio cineraria　银叶菊
Viola x wittrockiana　大花三色堇

喜阴植物

Begonia Cultivars (Tuberhybrida-Gruppe)
球根秋海棠

Cuphea ignea　雪茄花
Fuchsia Cultivars　倒挂金钟栽培种
Impatiens Cultivars (Neuguinea-Gruppe)　新几内亚凤仙花
Lobularia maritima　香雪球
Plectranthus scutellarioides　彩叶草

耐阴植物

这里还有一些在阳光充足的地方仍能保持良好状态的植物。

Argyranthemum frutescens
木茼蒿

Campanula isophylla　意大利风铃草
Dianthus Cultivars　石竹栽培种
Sutera grandiflora　野生福禄考
Xerochrysum bracteatum　麦秆菊

喜阳植物

Antirrhinum majus
金鱼草

Ageratum houstonianum　熊耳草
Canna indica　美人蕉
Dianthus chinensis　石竹
Gazania Cultivars　杂色菊
Pelargonium Cultivars　天竺葵栽培种
Sanvitalia procumbens　蛇目菊

对风敏感的植物

Petunia Cultivars
矮牵牛栽培种

Calceolaria integrifolia　全缘蒲包花
Calibrachoa Cultivars　小花矮牵牛栽培种
Heliotropium arborescens　香水草
Lantana camara　马缨丹
Salvia splendens　一串红

阔叶树
常绿阔叶树

Buxus sempervirens
锦熟黄杨

Berberis julianae　豪猪刺
Cotoneaster dammeri　矮生栒子
Euonymus fortunei　花叶扶芳藤
Hedera helix　洋常春藤
Ilex crenata　齿叶冬青
Ilex aquifolium　枸骨叶冬青
Pieris japonica　马醉木
Rhododendron Cultivars (Repens-Gruppe)　矮生杜鹃栽培种
Skimmia japonica　茵芋
Viburnum tinus　地中海荚蒾
Vinca minor　小蔓长春花

落叶阔叶树

Acer palmatum 'Dissectum Atropurpureum'
紫红鸡爪槭

Acer japonicum　羽扇槭
Amelanchier canadensis　加拿大唐棣
Betula nana　沼桦
Carpinus betulus　欧洲鹅耳枥
Salix caprea　黄花柳

针叶树

Pinus mugo
欧洲山松

Abies balsamea 'Nana'　"矮小"胶冷杉
Cedrus deodara　雪松
Chamaecyparis lawsoniana　矮蓝美国扁柏
Chamaecyparis obtusa 'Nana Gracilis'　日本扁柏
Juniperus squamata 'Meyeri'　玉山圆柏
Picea glauca 'Conica'　白云杉
Pinus mugo var. mughus　欧洲山松变种
Sciadopytis verticillata　金松
Taxus baccata 'Fastigiata'　"垂枝"欧洲红豆杉
Taxus cuspidata 'Nana'　矮紫杉
Thuja occidentalis　北美香柏
Thujopsis dolabrata　罗汉柏
Tsuga canadensis 'Pendula'　"垂枝"加拿大铁杉

草本植物

Pennisetum villosum
羽绒狼尾草

Briza media　凌风草
Carex morrowii　条纹日本苔草
Carex oshimensis　金叶苔草
Deschampsia caespitosa　发草
Festuca glauca　蓝羊茅
Imperata **Cultivars**　白茅栽培种
Panicum virgatum　柳枝稷
Stipa pennata　针茅

块茎／块根类植物

Anemone blanda
希腊银莲花

Anemone coronaria　冠状银莲花
Dahlia **Cultivars**　大丽花栽培种
Crocus vernus　荷兰番红花
Cyclamen persicum　仙客来
Eranthis hyemalis　冬菟葵
Eremurus robustus　巨型独尾草
Ranunculus asiaticus　花毛茛

岩石园艺植物

Armeria maritima
海石竹

Aurinia saxatilis　岩生庭芥
Campanula cochleariifolia　藏滇风铃草
Chiastophyllum oppositifolium　对叶景天
Crassula exilis　花簪
Dianthus deltoides　西洋石竹
Epimedium alpinum　淫羊藿
Euphorbia myrsinites　地衣大戟
Festuca glauca　蓝羊茅
Iberis saxatilis　石生屈曲花
Phlox douglasii　丛生福禄考
Sagina subulata　尖叶漆姑草
Saxifraga x arendsii　西洋云间草
Sedum rupestre　岩景天
Sempervivum **Cultivars**　长生草栽培种

观果植物

Gaultheria mucronata
丽果木

Ilex aquifolium　枸骨叶冬青
Solanum pseudocapsicum　珊瑚樱
Capsicum annuum　辣椒
Cotoneaster salicifolius　柳叶栒子
Ricinus communis　蓖麻
Skimmia japonica subsp. reevesiana　茵芋

观叶植物

Houttuynia cordata
蕺菜

Ajuga reptans　匍匐筋骨草
Alchemilla mollis　柔毛羽衣草
Asplenium scolopendrium 'Crispa'　丛叶铁角蕨
Bergenia **Cultivars**　岩白菜
Epimedium x versicolor 'Sulphureum'　黄色精灵花
Geranium macrorrhizum　巨根老鹳草
Glechoma hederacea　欧活血丹
Helichrysum petiolare　伞花麦秆菊
Heuchera **Cultivars**　矾根栽培种
Hosta **Cultivars**　玉簪栽培种
Plectranthus scutellarioides　彩叶草
Santolina chamaecyparissus　银香菊
Stachys byzantina　绵毛水苏

悬挂植物

Scaevola aemula
蓝扇花

Bidens ferulifolia　阿魏叶鬼针草
Brachyscome multifida　多裂鹅河菊
Calibrachoa **Cultivars**　小花矮牵牛栽培种
Convolvulus tricolor　三色旋花
Glechoma hederacea　欧活血丹
Lotus maculatus　金斑百脉根
Lysimachia congestiflora　聚花过路黄
Petunia x atkinsiana　矮牵牛
Plectranthus fruticosus　灌木香茶
Sutera grandiflora　大花白雪蔓

独立盆栽植物

Nerium oleander
夹竹桃

Abutilon Cultivars　苘麻栽培种
Canna indica　美人蕉
Hibiscus rosa-sinensis　朱槿
Hydrangea macrophylla　绣球
Lavandula angustifolia　狭叶薰衣草
Lycianthes rantonnetii　蓝花茄
Punica granatum　石榴
Tibouchina urvilleana　蒂牡花
Viburnum tinus　地中海荚蒾

地被植物

Aubrieta Cultivars
紫花芥栽培种

Artemisia schmidtiana　伞形花序蒿
Calluna vulgaris　帚石楠
Cotoneaster dammeri　矮生栒子
Cotula squalida　山芫荽
Euonymus fortunei 'Minimus'　小花叶扶芳藤
Gaultheria procumbens　平铺白珠树
Pilea microphylla　小叶冷水花
Primula juliae　紫樱草
Saxifraga x arendsii　西洋云间草
Sedum spathulifolium　红霜
Waldsteinia ternata　林石草

香草植物

Lavandula angustifolia
狭叶薰衣草

Laurus nobilis　月桂
Melissa officinalis　香蜂花
Ocimum basilicum　罗勒
Origanum majorana　墨角兰
Origanum vulgare　牛至
Petroselinum crispum　欧芹
Rosmarinus officinalis　迷迭香
Salvia officinalis　鼠尾草
Thymus vulgaris　百里香

高山植物

Leontopodium nivale
高山火绒草

Androsace sarmentosa　匍茎点地梅
Aster alpinus　高山紫菀
Pinus cembra　欧洲五针松
Rhododendron ferrugineum　高山玫瑰杜鹃花
Saxifraga paniculata　白山虎耳草

耐瘠植物和耐湿植物

这里还有一些植物不只限于耐瘠或耐湿植物。

Kalmia angustifolia
狭叶山月桂

Agrostis capillaris　细弱剪股颖
Andromeda polifolia　小石楠
Betula nana　沼桦
Calluna vulgaris　帚石楠
Drosera rotundifolia　圆叶茅膏菜
Erica tetralix　轮生叶欧石楠
Eriophorum angustifolium　东方羊胡子草
Festuca cinerea　蓝羊茅
Juniperus communis　欧洲刺柏
Salix repens　匍匐柳
Sphagnum palustre　泥炭藓

湿生植物

Juncus effusus
龙须草

Caltha palustris　驴蹄草
Equisetum palustre　犬问荆
Eriophorum latifolium　宽叶羊胡子草
Iris pseudacorus　黄菖蒲
Lysichiton americanus　美洲臭菘
Myosotis palustris　沼泽勿忘草
Typha angustifolia　狭叶香蒲

上述植物较多，限于篇幅，不能一一配上具体的植物图片，如果您想进一步了解相关知识，请参考"BLOOM's 基本花材丛书"中的《室外盆栽植物》一书。

IIIb 室内植物

喜阴植物

Monstera deliciosa
龟背竹

Adiantum raddianum　楔叶铁线蕨
Aglaonema commutatum　细斑粗肋草
Aspidistra elatior　蜘蛛抱蛋
Cissus rhombifolia　菱叶葡萄
Ficus pumila　薜荔
Philodendron hederaceum　大心叶绿萝
Pteris cretica　欧洲凤尾蕨
Selaginella kraussiana　小翠云草
Spathiphyllum wallisii　白鹤芋

耐阴植物

Anthurium Cultivars
花烛栽培种

Aeonium tabuliforme　明镜
Araucaria heterophylla　异叶南洋杉
Begonia Cultivars　秋海棠栽培种
Euphorbia pulcherrima　一品红
Kalanchoe blossfeldiana　圣诞伽蓝菜
Medinilla magnifica　宝莲灯花
Passiflora caerulea　西番莲
Schefflera arboricola　鹅掌藤
Scindapsus pictus　星点藤

喜阳植物

Crassula ovata
翡翠木

Adenium obesum　沙漠玫瑰
Agave potatorum　棱叶龙舌兰
Aloe vera　芦荟
Euphorbia milii　刺梅
Kalanchoe beharensis　仙女之舞
Pachypodium lamerei　非洲霸王树
Sedum morganianum　翡翠景天

耐湿植物

Alocasia sanderiana
美叶芋

Caladium bicolor　五彩芋
Calathea makoyana　孔雀竹芋
Cyperus papyrus　纸莎草
Maranta leuconeura　白脉竹芋
Zantedeschia aethiopica　马蹄莲

耐旱植物

Cycas revoluta
苏铁

Agave americana　龙舌兰
Aspidistra elatior　蜘蛛抱蛋
Euphorbia trigona　彩云阁
Peperomia obtusifolia　圆叶椒草

悬挂植物

Asparagus densiflorus 'Sprengeri'
具刺非洲天门冬

Acalypha hispaniolae　红尾铁苋
Cissus rhombifolia　菱叶葡萄
Columnea hirta　硬毛金鱼藤
Ficus pumila　薜荔
Hedera helix　洋常春藤
Rhipsalis baccifera　垂枝绿珊瑚（丝苇）
Senecio rowleyanus　佛珠

独立盆栽植物

Chrysalidocarpus lutescens
散尾葵

Ardisia crenata　朱砂根
Codiaeum variegatum　变叶木
Cordyline australis　澳洲朱蕉
Howea forsteriana　垂羽豪威椰
Phoenix roebelenii　江边刺葵
Yucca elephantipes　银线象脚丝兰

蕨类植物

Adiantum raddianum
楔叶铁线蕨

Asplenium nidus　鸟巢蕨
Blechnum gibbum　疣茎乌毛蕨
Davallia bullata　狼尾蕨
Davallia bullata　高肾蕨
Pellea rotundifolia　钮扣蕨
Phlebodium aureum　金黄水龙骨
Platycerium bifurcatum　二歧鹿角蕨
Polystichum falcatum　盾构蕨
Pteris cretica　欧洲凤尾蕨

棕榈类植物

Chamaedorea elegans
袖珍椰子

Caryota mitis　短穗鱼尾葵
Chamerops humilis　欧洲矮棕
Chrysalidocarpus lutescens　散尾葵
Howea forsteriana　垂羽豪威椰
Livistona rotundifolia　圆叶蒲葵
Phoenix canariensis　加拿利海枣
Phoenix roebelenii　江边刺葵
Rhapis excelsa　棕竹
Trachycarpus fortunei　棕榈
Washingtonia filifera　华盛顿棕榈

基底覆盖植物

Fittonia verschaffeltii
网纹草

Callisia repens　铺地锦竹草
Cryptanthus bivittatus　姬凤梨
Ficus repens　榕树
Hypoestes phyllostachya　嫣白蔓
Nertera granadensis　灯珠花
Pellea rotundifolia　钮扣蕨
Peperomia obtusifolia　圆叶椒草
Pilea glauca　灰绿冷水花
Selaginella apoda　绿地珊瑚蕨
Soleirolia soleirolii　金钱麻

观花植物

Bougainvillea glabra
光叶子花

Brunfelsia pauciflora　大花鸳鸯茉莉
Camellia japonica　茶花
Catharanthus roseus　长春花
Columnea hirta　硬毛金鱼藤
Cyclamen persicum　仙客来
Exacum affine　紫芳草
Gardenia augusta　栀子
Gerbera jamesonii　非洲菊
Hoya bella　贝拉球兰
Kalanchoe blossfeldiana　圣诞伽蓝菜
Mandevilla x amabilis　红皱皮藤
Passiflora caerulea　西番莲
Pericallis cruenta　瓜叶菊
Primula obconica　四季报春花
Rhododendron simsii　杜鹃
Saintpaulia ionantha　非洲堇
Sinningia Cultivars　大岩桐栽培种
Stephanotis floribunda　马达加斯加茉莉
Streptocarpus Cultivars　海豚花栽培种
Zantedeschia Cultivars　马蹄莲栽培种

观叶植物

Anthurium crystallinum
水晶花烛

Asparagus densiflorus 'Meyeri'　迈氏非洲天门冬
Cissus rhombifolia　菱叶葡萄
Cycas revoluta　苏铁
Dieffenbachia seguine　花叶万年青
Ficus pumila　薜荔
Maranta leuconeura　白脉竹芋
Monstera deliciosa　龟背竹
Pachira aquatica　瓜栗
Peperomia caperata　皱叶椒草
Philodendron erubescens　红苞喜林芋
Polyscias fruticosa　羽叶南洋参
Sansevieria trifasciata　虎皮兰
Syngonium podophyllum　合果芋
Tetrastigma voinierianum　毛五叶崖爬藤
Tolmiea menziesii　千母草
Tradescantia zebrina　吊竹梅

热带雨林植物
非洲大陆与马达加斯加

Asparagus falcatus
镰叶天门冬

Asplenium nidus　鸟巢蕨
Catharanthus roseus　长春花
Clerodendron thomsoniae　龙吐珠
Dracaena fragrans　香龙血树
Gloriosa superba　宽瓣嘉兰
Hypoestes phyllostachya　嫣红蔓
Nephrolepis exaltata　高肾蕨

中南美洲与加勒比地区

Anthurium scherzerianum
火鹤花

Adiantum raddianum　楔叶铁线蕨
Asplenium nidus　鸟巢蕨
Caladium bicolor　五彩芋
Calathea makoyana　孔雀竹芋
Chamaedorea elegans　袖珍椰子
Columnea hirta　硬毛金鱼藤
Dieffenbachia seguine　彩叶万年青
Guzmania lingulata　星花凤梨
Neoregelia carolinae　彩叶凤梨
Nephrolepis exaltata　高肾蕨
Passiflora caerulea　西番莲
Philodendron erubescens　红苞喜林芋
Phlebodium aureum　金黄水龙骨
Spathiphyllum floribundum　白鹤芋

南亚、澳大利亚与新几内亚

Aeschynanthus radicans
毛萼口红花

Alocasia sanderiana　美叶芋
Asplenium nidus　鸟巢蕨
Cissus antarctica　南极白粉藤
Cordyline terminalis　朱蕉
Epipremnum pinnatum　麒麟叶
Gloriosa superba　宽瓣嘉兰
Nephrolepis exaltata　高肾蕨
Phalaenopsis amabilis　南洋白蝶
Platycerium bifurcatum　二歧鹿角蕨

南非弗洛勒尔角植物
有室外植物，但不包括多肉植物

Gazania rigens
勋章菊

Agapanthus praecox　早花百子莲
Clivia miniata　君子兰
Mesembryanthemum crystallinum　非洲冰草
Osteospermum ecklonis　非洲万寿菊
Pelargonium grandiflorum　大花天竺葵
Pelargonium x graveolens　香叶天竺葵

非洲多肉植物

Ceropegia linearis subsp. woodii
吊金钱

Aloe arborescens　木立芦荟
Crassula perfoliata var. falcata　镰刀青锁龙
Euphorbia obesa　布纹球
Faucaria tigrina　大雪溪
Gasteria pillansii　爱勒巨象
Haworthia limifolia　琉璃殿
Kalanchoe tomentosa　月兔耳
Lithops meyeri　菊水玉
Stapelia grandiflora　大花犀角

中美洲多肉植物

Agave victoriae-reginae
厚叶龙舌兰

Graptopetalum bellum　美丽莲
Nolina recurvata　酒瓶兰

仙人掌类植物

Astrophythum myriostigma
鸾凤玉

Cephalocereus senilis　翁柱
Echinocactus grusonii　金琥
Ferocactus latispinus　日出丸
Mammillaria zeilmannii　月影丸
Opuntia microdasys　金毛掌

附生植物
蕨类植物

Asplenium nidus
鸟巢蕨

Nephrolepis exaltata　高肾蕨
Platycerium bifurcatum　二歧鹿角蕨

凤梨类植物

Vriesea splendens
虎纹凤梨

Guzmania lingulata　星花凤梨
Tillandsia xerographica　霸王空气凤梨

兰花类植物

Dendrobium bigibbum
密房石斛

Oncidium varicosum　小金蝶兰
Phalaenopsis amabilis　蝴蝶兰

仙人掌类植物

Schlumbergera truncata
蟹爪兰

Rhipsalis baccifera　垂枝绿珊瑚（丝苇）
Epiphyllum anguliger　锯齿昙花

兰花

Cymbidium Cultivars
兰花栽培种

Cattleya trianae　卡特兰
Dendrobium bigibbum　密房石斛
Miltonia Cultivars　堇花兰栽培种
Odontoglossum Cultivars　齿瓣兰栽培种
Oncidium Cultivars　文心兰栽培种
Paphiopedilum insigne　波瓣兜兰
Phalaenopsis Cultivars　蝴蝶兰栽培种
Vanda Cultivars　万代兰栽培种
x Vuylstekeara Cultivars　坎布里亚兰

肉质植物
叶部肉质

Kalanchoe blossfeldiana
圣诞伽蓝菜

Crassula ovata　翡翠木
Haworthia limifolia　琉璃殿
Pleiospilos nelii　帝玉
茎部肉质
Echinocactus grusonii　金琥
Euphorbia tirucalli　绿玉树
Pachypodium lamerei　非洲霸王树
根部肉质
Chlorophytum comosum　金心吊兰
Oxalis tetraphylla　四叶酢浆草

凤梨类植物

Aechmea fasciata
美叶光萼荷

Ananas comosus　凤梨
Billbergia nutans　垂花水塔花
Cryptanthus bivittatus　姬凤梨
Guzmania lingulata　星花凤梨
Neoregelia carolinae　彩叶凤梨
Nidularium innocentii　巢凤梨
Tillandsia usneoides　松萝凤梨
Tillandsia xerographica　霸王凤
Vriesea splendens　虎纹凤梨

食虫植物

Dionaea muscipula
捕蝇草

Drosera rotundifolia　圆叶茅膏菜
Nepenthes x coccinea　绯红猪笼草
Pinguicola vulgaris　捕虫堇
Sarracenia minor　小瓶子草

上述植物较多，限于篇幅，不能一一配上具体的植物图片，如果您想进一步了解相关知识，请参考"BLOOM's 基本花材丛书"中的《室内盆栽植物》一书。

IV 参考答案

1 室外盆栽

1·1 位置（第56页检测题）

[1] 栽种植物的步骤是：

- 选择植物。
- 浇水、清洁植物。
- 在花盆中安放排水材料。
- 将基质填入花盆。
- 检查、整理植物的根系。
- 将植物轻轻按压入花盆。
- 用盆栽土将植物固定并形成浇注边缘。
- 进行预期的造型设计。
- 浇水。
- 清洁栽培花盆，清除植物表面的残留物。

[2] 用于室外栽培的花盆必须具有耐候性，通常应该具备耐冻性和稳定性，在底部区域有排水系统。在设计风格方面，室外盆栽花盆必须与环境相匹配。

[3] 水是植物的营养液和吸收剂，也是营养离子和同化物的输送工具。它对细胞内压（膨压）来说是必不可少的。它在蒸发时，在一定程度上具有调节温度的作用。植物进行光合作用时也需要水。

[4] 植物主要通过根尖部分的渗透压吸水。植物的根尖处吸收水分后会不断地生长，离开水后不久就会死去。水通过渗透方式在细胞间流动，并且部分水分会通过细胞间隙扩散到根的维管束部分，这个通道便是植物输送水分和营养的地方。植物通过叶片蒸腾作用经由维管束将水向上吸引。由于分子之间的内聚力，输送过程中的水是连续的。随着植物叶片蒸腾，植物的水分会不断流失。水分除了通过叶片蒸发外，还会通过植物表皮和叶片气孔蒸发掉。有些植物有特殊的泌水孔，通过它们可以主动排出水分，即植物的"吐水"现象。

[5] 叶子背面、嫩芽和花蕾上会出现绿色、黄褐色或黑色的蚜虫。它们在那里刺进植物脉络和细胞，吸取同化物。它们的有毒唾液会导致植物生长受阻、叶片卷曲，甚至部分植物死亡，总体上就是植物发育不良。蚜虫排泄的蜜露会产生大量黑斑，不利于叶片光合作用的正常进行。

[6] 一年生的夏季室外植物参见本书第 162 页。

[7] 5 种块根／块茎植物参见本书第 162 页。

1·2 季节和场合（第76页检测题）

[1] 从技术方面来看，室外盆栽工作桌必须有足够的空间，以放置花盆、植物、盆栽基底设计材料、盆栽土壤和排水材料等。此外，应在工作桌台面的侧边和背边（共 3 个边）装上挡板，这样土壤、排水材料等就不会从桌面上撒落下来了。工作桌必须稳定，且表面要耐污垢、耐水和耐划。为了能够快速完成工作并设计出完美的作品，高质量的照明设备也很重要。

从健康方面来看，重要的是工作桌的高度和工作强度以及所使用的辅助设备要与你的身高、力气相匹配，如一辆手推车能够帮人们省好多力气。为了在工作时能够很好地识别危险源并避免受伤，照明条件也要有保障。

从经济方面来看，要注重工作技巧，减少制作盆栽花费的时间。因此，必须尽可能地备好所需要的植物、材料以及必要的工具。注重工作技巧和自身健康也是为了方便工作，因为在最佳的工作条件下，人们不会很快就感到疲劳，同时也可以避免因注意力不集中而受伤。

[2] 室外盆栽花盆至少要有一个排水孔，这样雨水和多余的灌溉水就可以及时排出，不会出现积水现象。因此，为了防止排水孔被盆栽土或排水材料堵住，可以在排水孔上面放一个拱形的碎陶片。不要用扁平的碎片，以防堵塞排水孔。

[3] 人们可以观察到植物的花或花序内色彩和谐和色彩对比的例子：

- **互补对比：**盛开的紫色的非洲紫罗兰和它黄色的花药。
- **有彩色和无彩色对比：**带黄色管状花和白色伞状花的雏菊。
- **变化的单色：**矮牵牛浅紫色花朵边缘和深紫色中心部分的细微差别。
- **邻近色：**马缨丹花序中的从橙色到黄色的花。

■**品质对比：**金光菊的黄棕色管状花和纯黄色的舌状花。

■**明暗对比：**具有明亮色花瓣和黑色中心部分的三色堇。

[4] 可在夏季栽种在室外的植物参见第 162 页。

[5] 可在秋季栽种在室外的植物参见第 162 页。

[6] 冬季具有很高装饰价值的室外盆栽植物参见第 162 页。

[7] 用于盆栽的地被植物参见第 165 页。

1·3 形状（第90页检测题）

[1] 可以用来制作花盆的材质主要有以下几种，它们的优缺点分别如下：

红陶
■**优点：**外形质朴，透气性良好。
■**缺点：**容易破损，重量较大。

混凝土
■**优点：**稳定性好（不宜倒），且价格相对便宜。
■**缺点：**容易破损，技术性强于工艺美术性（手工美感）。

柳条
■**优点：**视觉效果自然，易于搬运。
■**缺点：**如果不额外铺上塑料薄膜，则无法储存水分，缺乏密封性。

镀锌铁皮
■**优点：**密封性好，不易破损。
■**缺点：**易划伤，易变形。

塑料
■**优点：**物美价廉，易于清洗和搬运。
■**缺点：**重量相对较轻，稳定性较差，外观缺乏天然感。

[2] 适应不同季节的日照时间变化也是植物的特性之一，具体情况是由植物原产地的环境特点决定的。决定性因素是黑暗的持续时间。长日照植物需要长时间的光照和短时间的黑暗阶段，而短日照植物需要短时间的光照和长时间的黑暗阶段。短暂的干扰光或月光可以中断黑暗阶段。各阶段的持续时间可以影响植物的生长进程，尤其是开花。植物的这个优势可以调整选择对自己最有利的生长阶段，例如当授粉昆虫不飞行时，就不必消耗能量开出花朵。可以将这个特点用于园艺以调节植物生长。花商或培育者至少需要充分了解这一点，购买者也要明白——如果想要植物再次开花，可能需要采取相应的措施。典型的长日照植物有翠雀属植物和向日葵，典型的短日照植物有一品红（圣诞花）和伽蓝菜属植物。

[3] 可在阳台种植箱中，植物在行列上的分布方式有以下几种：

个体重复排列
指相同的元素以相等的间隔连接在一起。元素至少需要重复 3 次。

组合重复排列
指由 2 种或者 2 种以上的不同元素按照相同的秩序组成完全相同的组合，这些组合以相等的间隔连接在一起。组合至少要重复 3 次。

渐变排列
指元素按逐渐变大或逐渐变小的顺序排列。这些元素可以是某类花材、辅材，也可以是间隔距离、色彩的变化等。这些元素的中心可以在正中间，也可以稍微偏离一点。至少需要 3 个元素才能形成渐变排列。

无序排列（随机排列）
指许多不同的元素随机排列在一起，毫无规律性，彼此之间只是以线形顺序连接着。虽然在这里也可以使用重复的元素，但它们之间的排列秩序不能有明显的规律性。至少需要 3 个（组）不同的元素才能创造出令人印象深刻的无序排列设计。

[4] 可栽种在室外的针叶植物参见本书第 163 页。

[5] 3 种块茎类植物可参见本书第 164 页。

[6] 室外种植的形态类植物（或称主景植物、观叶植物。编者注），是指那些主要以其整体生长形态或有质感的整株叶片、花序等装饰环境的植物，而不是单纯以其色彩鲜艳的花引人注目的植物，例如草。虽然涉及到叶簇和花序的质感，但更强调的是它们的形态。这类植物一般会呈现出深浅不同、浓淡不一的绿色。因此，形态类植物可在色彩缤纷的花海中塑造出平静的区域，并且可以协调整个设计。

[7] 适合在悬吊起来的悬挂类盆栽植物种类参见本书第 164 页。

1·4 设计类型和设计主题（第100页检测题）

[1] 这里的从边缘浇注指的是在土壤距花盆壁一到两指处浇水。从浇注边缘处浇水是非常重要的：一方面，可以让水在浇灌过程中很好地渗入土壤且不会溢出；另一方面，可以防止土壤等被水冲刷走。

[2] 高品质、结构稳定的盆栽土应该具备以下条件：
■给植物根部一定的支撑力，使植物能够稳固直立。
■能通过颗粒之间的毛细作用，引导水分和溶解在其中的营养物质通向根部。

■ 颗粒之间要有微小但足够的空间，以确保空气通向根部。
■ 必须含有能够在水中溶解的相关营养物质。

[3] 危害植物生长的害虫及其防治措施主要有：
■ 蚜虫 – 可喷施杀蚜剂。
■ 介壳虫 – 可喷洒油性杀虫剂。
■ 粉虱或白蝇 – 喷洒系统性药剂防治。
■ 红蜘蛛 – 喷洒杀螨剂。
■ 蓟马 – 可用黄色和蓝色黏板。
■ 葡萄黑耳喙象（*Otiorhynchus sulcatus*）– 在破晓或黄昏时借助手电筒的光捕捉。
■ 斑潜蝇 – 去除病叶。

[4] 植物群落学主要研究的是，在同一环境下，哪些植物可以共同生长。植物生长所需的所有条件（气候、土壤、可利用的水资源、动物等）都会影响植物群落的形成。这一地方便被称为群落栖息地或生境。大的群落栖息地有草原和热带雨林。就拿热带雨林来说，它是热带兰花、凤梨类、蕨类等植物的群落栖息地，在这个大栖息地内热带兰花和凤梨又处于同一个小栖息地。

植物群落学对盆栽技术有着至关重要的影响，因为我们可以从自然界普遍存在的因素中了解到植物适应的生存环境。如此一来，在设计盆栽时，就可以确保我们所选用的植物需要的是相同的栽培基质，并且这些植物有着大致相同的水分、光照和营养需求。

在设计方面，植物群落学是盆栽设计时不可或缺的参考因素。在设计盆栽时，要确保所选的植物至少要生活在相似的群落栖息地中。当然，这样的要求缺乏科学依据，但一般来说是不会出错的。一种植物是来自巴西还是马来西亚的热带雨林，其实对盆栽设计并没有多大的影响。

[5] 可用于室外栽培的常绿阔叶树参见本书第 163 页。

[6] 可栽种在室外的草本植物参见本书第 164 页。

[7] 适宜室外栽培的观赏果树植物参见本书第 164 页。

2 室内盆栽

2·1 私人空间（第116页检测题）

[1] 运用于室内盆栽的花盆必须是完全防水的（不漏水）；花盆的稳定性也非常重要，并且它必须要有足够的容量用于放置排水材料；在设计方面，花盆的风格必须和相应的空间以及空间内的设施协调一致。

[2] 详见本书第 168~169 页。

[3] 波长的多样性和生物对波长范围的适应性，决定了光线对植物以及对人眼会产生不同的作用。

■ 人眼可以通过放大瞳孔以及改变感光细胞的敏感度，迅速地适应各种各样的光线条件。植物只能缓缓的将叶片转向光线，然后叶绿体进入相应的表皮细胞，这样叶片逐渐长大。
■ 简单来说，人眼最敏感的自然光波长是黄色至绿色的范围。与此相反，植物接收的波长是红色至蓝色的区域，反射的波长范围是黄色至黄绿色。

[4] 附生植物附生在其他树木上，这些树木又大多生长在繁茂的森林中，为了获得更好的光照条件，附生植物会生长在树枝、树杈上，或者生长在树皮的裂缝中。它们并没有剥夺宿主所需的养分，因而它们的生存方式并不能被称为寄生。附生植物具有特殊的适应性，以获取养分和水，它们也能够适应资源匮乏的环境，再比如它们拥有能够储存水分的叶片，吸收能力强的根部表皮细胞等，并且它们能在干旱时期减弱物质代谢。

© Omika - Fotolia.com

[5] 大量元素以及它们的相应作用：
■ 氮作用于植物生长，并且它是叶绿素、蛋白质和维生素的组成部分。适用于绿色植物的化肥含氮量高。
■ 磷作用于植物的繁殖能力，在植物开花、结果的过程中起着重要的作用。促进植物开花的肥料含磷量高。
■ 钾能促进植物吸收水分，改善植物抵抗寒冷和干燥的能力。多肉植物需要含钾量高的肥料。

[6] 盆栽花艺的设计标准有：
■ 要呈现出植物生长的自然效果。
■ 不对称的造型比对称的造型更显自然。
■ 必须尊重植物的自然生长运动，或者说要充分利用植物的自然生长姿态。
■ 选择的植物不要太奇特（以免难养护）。
■ 选择的植物组合必须符合植物群落学理念。
■ 必须考虑植物的自然生长阶段，比如开花期、结果期等。
■ 充分考虑植物花材的花艺作用。
■ 盆栽基底设计必须要和植物所处的自然环境相匹配。
■ 所选用的花盆最好是天然材质的。

[7] 通常来说，暖气对于室内植物太过于干燥（多肉植物例外），因为相对来说室内的湿度是和温度相关联的，温度上升会导致湿度降低。温度过高会对植物产生很多严重后果，比如蒸腾作用的加速、植株脱水以及害虫感染等。如果把植物直接放在暖气设施上面，温度过高，会加剧上述后果的影响。

改变植物的放置位置是第一个对策，新位置必须足够明亮，因为在冬季光照不充足也会导致问题。更重要的是提高空气的湿润度，比如借助加湿器给植物喷喷水。在这个问题上，一定要注意所栽培植物的具体种类，以及花盆内多种植物的相容性。

2·2 公共空间（第124页检测题）

[1] 相关的盆栽花艺设计类型及适用的花盆情况如下：
装饰型设计。 质朴的以及古典的花盆形状，比如双耳瓶、古希腊提水罐（大身细嘴，有两个小提环）造型。

线条型设计。 比如立方体型花盆，以及经过单独设计的、造型独特的花盆。

植物生长型设计。 比如浅而宽、在种植背景中不显眼碗状花盆，或者看上去是泥土质地的、粗糙的、有着不规则外形的碗状花盆。

[2] 栽培于碗形盆栽内的植物，应满足如下要求：
■ 植物质量要好（健康）。
■ 具有该种类植物的典型特征，下一步的生长轮廓清晰可辨。
■ 有着坚实的、根系良好的根球，根系呈现出健康的状态。
■ 大小要合适。
■ 生长不能过于迅速，不能过了多久就得换盆。
■ 避免植物受到损伤。
■ 避免植物受到各种虫害的侵害。
■ 适合使用地点和条件。
■ 花盆里各种植物的养护要求要差不多。
■ 在花艺设计层面，花盆里的各种植物要能够相互协调。

[3] 穿堂风会加剧蒸腾作用。这会导致植物温度相对下降，阻碍植物的所有生命进程，最终会导致植物枯萎、叶片脱落或者生长缓慢。倘若穿堂风温度很低（甚至带着霜冻）或者室内温差较大，更会加剧上述后果产生的影响。

[4] 盆栽中各元素的比例关系：
■ 植物的尺寸与花盆的尺寸。
■ 不同植物的尺寸。
■ 盆栽内植物群体的尺寸。
■ 花盆的高度与宽度或直径。
■ 不同植物花朵的大小和数量。

[5] 线条型设计风格的标准：
■ 这种设计以线性的形式及展现植物的生长运动见长。

■ 大多适用于不对称造型，对称造型亦可。
■ 可选的材料比较有限。
■ 要有相对较大的留白空间。
■ 通过形式对比来产生效果。
■ 在形式上比较类似。
■ 能够突出植物性花材本身的特色。
■ 可以改变植物性花材的自然外观。
■ 可以使用非天然的花材或辅材。
■ 花器作为设计元素之一，作用重要。

[6] 相关的植物参见本书第 166 页。

[7] 相关的植物参见本书第 166~167 页。

2·3 位置（第132页检测题）

[1] 栽种盆栽时经常使用的基质类型：
■ **ED 73 型基质** 在栽培的前两个月配备肥料。它由黏土、白泥炭土和黑泥炭土组成。
■ **T 型基质** 能为营养消耗大的植物提供丰富的营养。但必须定期施肥。基本成分也是黏土、白泥炭土和黑泥炭土。
■ **TKS 2 型泥炭土** 源自腐败程度较低的沼泽泥炭，疏松，有着良好的储水结构，营养素含量高。
■ **盆栽专用土** 除黏土、腐殖土和泥炭土外，还含有矿物成分如火山石颗粒，能长期保持基材结构稳定。（这种土即 Kübelpflanzenerde，一般成袋销售。编者注）
■ **多肉植物土壤或仙人掌土壤** 是由少量的腐殖土和大量的矿物（如浮石和细火山石颗粒）组成的，渗透性较强，能长期保持稳定，但保水性不怎么强。
■ **兰花土** 含有腐殖质和粗糙的、几乎不腐烂或腐烂速度极慢的树皮碎片。

[2] 陆生植物直接生长在土壤中，并且主要从土壤中获取水和养分。另外还有水生植物（即生存在水中的植物）及附生植物。

[3] 在适宜的温度下，植物能够借助于叶绿素将无机物（水、二氧化碳）转化为有机物碳水化合物。在这个过程中会将氧气释放到空气中。阳光是确保一切进行的能量源泉，并会被存储在碳水化合物中。只有植物能做到这一点。它们将光这种宇宙能量和地球连结，转化为一切生命所需的基础。

[4] 给多肉植物浇水时，间隔时间要足够长，在任何情况下都要避免过度浇水。给多肉植物施肥时，要用含钾的肥料。所有的多肉植物都需要一段休眠期，在这期间无需浇水和施肥。多肉植物应摆放在明亮、最好是阳光充沛处。

[5] 植物的生长姿态及相关植物：
直立 翠雀的穗；
直立－聚拢／圆顶 利兰柏树（Cypressocyparis leylandii）的球形高冠；

直立－多向分枝 瓜栗（发财树）的主干部分；

直立－单向分枝 兜兰属植物的花茎；

悬垂 翡翠珠（Senecio rowleyanus）；

多向分枝 凤梨；

侧向向上 密房石斛（Dendrobium bigibbum）；

横向向外 薜荔的嫩枝；

聚拢 石莲花属植物（Echeveria Cultivars）；

不稳定 绿玉树；

铺散 澳洲金合欢（Acacia paradoxa）。

[6] 一般情况下，当太阳光线在室内的穿透深度对植物生长的实际需要来说已经足够时，人们往往认为还不够。距离窗户 1~2 米的地方，光照强度会明显降低，当然这也取决于窗户的位置和外部是否有高树、建筑物等遮蔽物。光是沿直线传播的，窗户左右两侧的室内角落处，几分米之后的地方就已经满足不了植物的需要了。

[7] 摆放在无遮挡的西窗窗台内的植物，夏季的时候除了要应对突如其来的强光直射，还要承受窗户玻璃后面相应产生的热量。东窗和南窗之处，光线自早晨起慢慢加强，温度缓缓上升。而在西窗，可能在半小时内就完成了这样的变化过程。只有很少的植物，比如那些叶片坚硬的植物或者是多肉植物，可以承受住这种迅速的变化。但是即使是这些植物，它们也更偏爱光线和热量能渐渐上升的环境。针对上述问题，通过窗户外面的高树或遮光帘、窗帘等来遮挡一部分光线是个值得推荐的应对之措。

2·4 季节和场合（第138页检测题）

[1] 排水装置用于排除盆栽基质里面的水分。为此，会在花盆底部铺上一层排水材料，比如膨胀黏土球或者陶粒，然后用透水的园艺无纺布包覆起来，这样土壤就不会逐渐沉入排水材料中了。对于室外盆栽来说，必须至少在花盆底部设置一个排水口，用于排水。而对于室内盆栽来说，这样的操作是不可行的，这时的排水层必须要更大，并且相应地，对室内盆栽浇水时应该更加仔细。

[2] 关于附生植物的例子参见本书第 169 页。

[3] 植物叶片上的灰尘会阻碍光照射到叶片表层，也会阻碍光进入叶细胞，从而降低了光合作用的功能。

[4] 盆栽基底设计，是通过对基质表面进行塑造并加入覆盖材料来完成的。基底设计不能妨碍浇水，也必须和植物以及盆栽的设计方式相匹配。石头、沙子、树枝 / 树根及苔藓等，都是不错的设计材料。彩色颗粒材料可以运用在装饰型、线条型盆栽作品中。在进行植物盆栽设计时基底设计通常是不可缺少的，但是对于装饰型风格的盆栽设计来说可以不用考虑，因为在这种情况下基底部分通常是不可见的。

[5] 干燥花以及非植物类装饰物必须在风格和设计上与盆栽相匹配，符合相应的场合。它们绝不能妨碍对盆栽的日常养护，更不能损伤植物。也应该尽可能地不妨碍植物的进一步生长。最后，必须确保它们不会因浇水而受损。

[6] 适合短暂用于室内春季盆栽的室外植物有：

Eranthis hyemalis	冬菟葵
Hyacinthus orientalis	风信子
Iris reticulata	网脉鸢尾
Muscari botryoides	葡萄风信子
Myosotis palustris	沼泽勿忘草
Narcissus Cultivars	水仙栽培种
Primula Cultivars	报春花栽培种
Scilla mischtschenkoana	伊朗绵枣儿
Tulipa Cultivars	郁金香栽培种

[7] 关于这些植物的详细信息，请参考本书第 167 页。

2·5 独立盆栽（第144页检测题）

[1] 作为独立体，指的是那些单独的或突出的个体。在盆栽花艺中也采用了这个概念，指的是那些单株的、起着相应主导作用的植株。通常情况下，独立体相对较大，并且占据较多的空间。附加的陪衬植物则较小，具有从属性质。

[2] 在盆栽花艺中，涝渍指的是在植物根部附近和基质内有持久性的多余水分。对于室内盆栽来说，涝渍是由过度浇水引起的；对于室外盆栽来说，过多的雨水加上排水不畅也会造成这个问题。在任何情况下都应该避免涝渍，因为这会造成根部通风不良并最终腐烂，植物的上半部分则会因为根部不能继续吸收水分而干枯。

[3] 这些真菌性病害及其为害征兆有：

灰霉病 不管植物组织是死是活，都可能会感染灰霉病，不健康或不卫生的植物特别容易感染。因为灰霉病是由灰葡萄孢菌侵染所致的，所以看起来是灰色的。真菌菌丝侵入植物组织并将其摧毁，植物组织从棕色变成黑色，然后腐烂。灰霉病是由湿度过高导致的，通常多发于植物种植密度过大的情况下。

白粉病 白粉病的外部表现特征是在叶子表面、芽、嫩枝上呈现出白色粉末状，植物表面被一层真菌所覆盖。植物的表皮细胞被真菌通过吸器（植物寄生真菌的吸收器官）打开，阻碍了植物光合作用的进行，严重地影响了同化物的吸收，所以叶片背面的下层组织变成了红棕色。最终，植物的生长受到干扰，导致整株植物死亡。

霜霉病 霜霉病的症状是在叶子上像有一层灰白色的涂层。霜霉菌是一种专性寄生菌，菌丝侵入植物体内，破坏海绵组织细胞。通过气孔长出带有子实体的菌丝，在叶子表面形成涂层一样的东西。叶子上面的斑点会从淡黄色变成棕色，最后变成红色。在感染严重的情况下，会导致植物部分枯萎和死亡。

[4] 食虫植物用特定器官捕捉昆虫，用酶来消化它们，然后将分解的产物——特别是氮元素作为营养物质。因此，这种能力是为了适应贫氮的生长环境，例如沼泽地。植物用各种变态叶捕捉和消化动物，最著名的有捕蝇草叶子顶端的捕虫夹、茅膏菜和捕虫堇叶面分泌的黏液（见图）、瓶子草的管状叶以及猪笼草的捕虫笼。

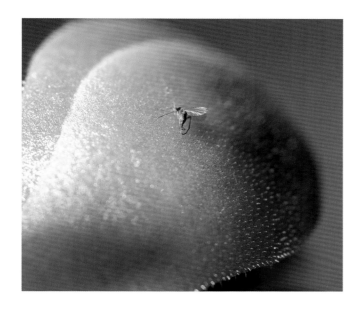

[5] 适合用于盆栽基底设计的非植物材料有：鹅卵石、颗粒材料、碎玻璃、玻璃珠、沙子及石板等。

适合用于盆栽基底设计的植物材料有：苔藓、地衣、树根、树皮、树枝、干树叶及干燥花等。

[6] 具体的兰花类植物参见本书第 169 页。

[7] 耐湿的室内盆栽植物详见本书第 166 页。

2·6 设计类型和主题（第150页检测题）

[1] 在给植物浇水时需要注意以下几点：
- 注意特定植物的用水需求。
- 硬水，也就是含钙较多的水不适合作为灌溉用水。软水，像收集的雨水，是最好的。
- 水温要适合，不要太热或太凉
- 一般不要天天浇水，而应偶尔浇一次水，一次多浇些水。这样根部的土壤会变得干燥，保证根部接触到空气。但室外栽培不一样，在阳光强烈的情况下要天天浇水。
- 根部不能完全变干，否则根毛会死亡，即使再次浇水也很难逆转这一损伤。多肉植物除外。

- 不要只在植物的一边浇水，应该在其周围浇水，保证水分浸透均匀。
- 多余的水不可以留在花盆中，要防止积水。
- 不同的植物，浇水间隔也不一样，如多肉植物的浇水间隔较长。在间隔期间不需要浇水。
- 许多植物的根茎不能被水淹到，所以必须从一侧或者从底部小心翼翼地浇水。也就是说花盆底部要有孔，比如花盆要放在一个不漏水的托盘上，我们把水倒进托盘里，这样使植物就可以通过毛细作用从土壤中吸收水分。
- 一般当植物被阳光照射时不应该浇水，否则水滴就会像放大镜或凸透镜，可能会导致灼伤。在阳光下只能给土壤或根部周围的地方浇水。

[2] 苞片是变态叶的一种。它通常有着鲜艳的颜色，有着类似于花瓣的功能（吸引传粉者、充当保护壳）。花朵授粉后，许多苞片的颜色会变绿。苞片有小苞片和总苞两种形态，其区别如下：

小苞片：它有着引人注目的颜色，相对较大的小苞片，包裹着小而不显眼的花。这些小苞片总是聚集在一起，像是植物开出的一朵大花。有小苞片的植物有一品红、光叶子花、绣球。

总苞（佛焰苞）：在佛焰花序中，这种苞片包裹着肉穗花序。佛焰苞能起到一定的保护功能，并为传粉的昆虫提供临时场所，或是吸引传粉昆虫。有佛焰苞的植物有红掌、白鹤芋栽培种、马蹄莲等。

[3] 凤梨科植物多为附生草本植物，它们有能收集水分的叶片，并且能把掉落在它周围的植物残体分解成养分。此外它们还有一种可以直接吸收空气中的雨水和水分的叶毛。因此，浇水时应主要浇在叶杯里，在根部只需要稍稍浇点即可。定期对凤梨类植物浇水是有必要的，对许多空气凤梨来说这是吸收水分的唯一途径。浇水后还要对其进行喷洒施肥。一般来说，大多数凤梨科植物都需要充足的光照。它们只开一次花，但大多都很持久。此后，主枝逐渐死亡，侧枝慢慢长大，然后开花。

[4] 装饰型盆栽花艺设计应该遵循的原则如下：
- 盆栽植物看上去繁茂旺盛、生机勃勃，种类要丰富。
- 优先采用对称造型。
- 总体轮廓应尽量呈紧密的、封闭的形状，但是不能因此改变花材的天然姿态。
- 为了整体的效果，运用的所有材料必须要能凸显主题，可以不考虑花材通常的花艺作用。
- 可对材料进行造型上的改变，如修剪。
- 可以使用非天然的装饰物，如玻璃球、丝带等。

[5] 5 种凤梨科植物参见本书第 169 页。

[6] 适合放置于室内盆栽中的 5 种蕨类植物参见本书第 167 页。

[7] 5 种耐阴的室内盆栽植物参见本书第 166 页。

著作权合同登记号：豫著许可备字 –2017–A–0224

© 2018 BLOOM's GmbH & Co., Ratingen, Germany

图书在版编目（CIP）数据

盆栽花艺基础 /（德）卡尔·米歇尔·哈克主编；张汝青，吴逸玫译 . — 郑州：中原农民出版社，2018.5

ISBN 978–7–5542–1875–4

Ⅰ . ①盆… Ⅱ . ①卡… ②张… ③吴… Ⅲ . ①盆栽—花卉—观赏园艺—欧洲—教材 Ⅳ . ① S68

中国版本图书馆 CIP 数据核字（2018）第 063834 号

策划编辑　连幸福　**责任编辑**　连幸福

美术编辑　杨　柳　**责任校对**　钟　远

出版：中原出版传媒集团　中原农民出版社

地址：郑州市经五路 66 号

邮编：450002

电话：0371–6578 8679　　138 3717 2267

印刷：河南安泰彩印有限公司

成品尺寸：210mm×297mm

印张：11.25

字数：250 千字

版次：2018 年 7 月第 1 版

印次：2018 年 7 月第 1 次印刷

定价：198.00 元

BASICI《花艺设计基础》
A4 开本　198.00元
ISBN 978-7-5542-1870-9

BASICI《花束设计基础》
A4 开本　198.00元
ISBN 978-7-5542-1871-6

BASICI《花艺基本技术》
A4 开本　198.00元
ISBN 978-7-5542-1872-3

BASICI《餐桌花艺基础》
A4 开本　198.00元
ISBN 978-7-5542-1874-7

BASICI《婚礼花艺基础》
A4 开本　198.00元
ISBN 978-7-5542-1873-0

BASICI《盆栽花艺基础》
A4 开本　198.00元
ISBN 978-7-5542-1875-4

BLOOM'S花艺基础教材丛书是BLOOM'S集团的王牌产品之一，基于现实需求和时代趋势，以做学问的严谨态度，将千百年来的花艺知识系统化、科学化，规整为一个完整的学科体系。第一辑引入的图书共 6 种，有《花艺设计基础》《花束设计基础》《花艺基本技术》《餐桌花艺基础》《婚礼花艺基础》《盆栽花艺基础》。从理论、原理及练习的角度，扎扎实实地讲述最基础、最实用、最重要的花艺基础知识，专为花艺培训班学员、准备从事花艺工作的朋友等所有对花艺感兴趣的人服务。